Die P 8

Dieses Buch ist den alten Dampflokführern und Heizern gewidmet

Die P 8

Entstehung und Geschichte einer europäischen Dampflokomotive

Von

Karl Julius Harder

Mit 62 Fotos auf 24 Kunstdrucktafeln und 7 Abbildungen im Text

Franckh'sche Verlagshandlung Stuttgart

Schutzumschlag gestaltet von Edgar Dambacher nach einem Foto von Horst J. Obermayer (Lok 038 772-0, aufgenommen am 15. April 1973 bei Ebingen, anläßlich einer Abschiedsfahrt)

Franckh'sche Verlagshandlung, W. Keller & Co., Stuttgart / 1974 / Printed in Germany / Imprimé en Allemagne / ISBN 3-440-04116-6 / LH 19 hä / Druck: Johannes Illig, Buch- und Offsetdruck, Göppingen (Württemberg)

Die P 8

Vorwort

Der Aufforderung des Verlages, ein Erinnerungsbuch über die preußische P 8-Lokomotive zu schreiben, bin ich gern nachgekommen.

Als ich geboren wurde, kämpfte man mit den Kinderkrankheiten dieser Lokomotive. In der Jugendzeit beobachtete ich die Maschine und machte als Eisenbahnfreund die ersten fotografischen Aufnahmen. Als Berufseisenbahner fuhr ich mit ihr als Heizer und Führer, sorgte später für ihre Ausbesserung und den Einsatz. Diese einmalig gelungene Lokomotive verdient es, vor dem Vergessen bewahrt zu werden. Ich bemühte mich, älteres Material, auch aus den Nachbarländern, zusammenzutragen. Den Herren K. E. Maedel und E. A. S. Cotton bin ich zu besonderem Dank für die Bereitstellung von Bildern verpflichtet.

Die beste Lokomotive aber wird unbrauchbar, wenn sie nicht von tüchtigen und gewissenhaften Fachleuten bedient wird. Dem Andenken an die alten Lokomotivführer und Heizer habe ich daher dieses Buch gewidmet.

Karl Julius Harder

Erste Bekanntschaft mit der P 8

Im Jahre 1917 wohnten meine Eltern in Burg bei Magdeburg. Meine Mutter pflegte an einem Damenkränzchen teilzunehmen, welches im Sommer im Garten der Bahnhofswirtschaft tagte. Wenn die Schularbeiten fertig waren, durfte ich als kleiner ABC-Schütze nachkommen. Was gab es auf dem Bahnhof alles zu sehen. Gegen fünf Uhr nachmittags wurde ein Personenzug von einem Eilzug Magdeburg — Berlin Potsdamer Bahnhof überholt. Normalerweise wurde der Personenzug von einer preußischen 2 B-Lokomotive, Gattung S 5, der Eilzug dagegen von einer 2 B-Heißdampflok, Gattung S 6 gefahren. Eines Tages erschienen beide Züge mit funkelnagelneuen Loks, Magdeburg 2458 und Magdeburg 2459. Kessel und Tender waren dunkelgrün gestrichen, roter Rahmen und rote Radsterne, schwarze Rauchkammer. Und am Führerhaus, unter dem preußischen Adler, stand P 8.

Während die Eilzuglok am Bahnsteig stand, gab sie einen tiefen Brummton von sich, als wolle sie ihrem Unmut Ausdruck geben, hier in Burg halten zu müssen. Die Erwachsenen konnten mir über diese Erscheinung keine Auskunft geben. Erst viel später erfuhr ich, daß das Brummen entsteht, wenn der Heizer den Rost nicht gleichmäßig mit Kohlen bedeckt hat und sich ein Luftloch im Feuer befindet. Dann entstehen infolge der verschiedenen Temperaturen Schwingungen der Gase, die das Brummen verursachen.

Ein Jahr später wurde mein Vater nach Berlin versetzt und die P 8 Magdeburg 2468 brachte uns dorthin. Die Ziffernfolge 2468 ist mir heute noch in Erinnerung, ebenso die gelben Nummernschilder.

In Berlin wohnten wir leider ziemlich weit von der Eisenbahn entfernt, nur in den Ferien, wenn wir zur Großmutter nach Stralsund fuhren, bekam ich Lokomotiven zu sehen. Ich erinnere mich, daß der Mittagseilzug von Berlin Stettiner Bf nach Stralsund abwechselnd von einer P 8 und einer T 18 gefahren wurde.

Mit der Zeit stieg der Unternehmungsgeist. Ich machte nun Ausflüge zum Bahnhof Charlottenburg, wo gegen 5 Uhr ein Personenzug nach Belzig abfuhr, der immer eine interessante Lok hatte. So sah ich die P 8 Breslau 2459 vor dem Zug. Sie hatte drei gekuppelte Achsen und ein zweiachsiges Drehgestell vorn. Es war die Zeit, wo ich mich für Steuerungen zu interessieren begann, und ich stellte zu meiner Überraschung fest, daß diese Lok eine andere Steuerung hatte als die meisten Lokomotiven. Bei Vorwärtsfahrt lag die Schieberschubstange mit dem Schwingenstein oben in der Schwinge, während es doch sonst umgekehrt war. Daß das ein Konstruktionsfehler war, der zur Änderung der P 8-Steuerung führte, wußte ich damals noch nicht. Bei Schlepptendermaschinen, die meist vorwärts fahren, muß die Schieberschubstange bei Vorwärts unten liegen, dann beschrieben Schwinge und Schwingenstein konzentrische Kreise. Bei der oberen Lage schneiden sich die Kreisbewegungen und es entsteht das lästige Steinspringen, welches eine stärkere Abnutzung der Steuerung bewirkt. Ich hatte hier die alte Bauart der P 8 kennengelernt, bei der das Aufwerfen der Schieberschubstange durch Hebel und Hängeeisen erfolgt. Bei der neueren, 1913 eingeführten Bauweise geschieht es mittels Hebel und Schleife. Doch davon später.

Eines Tages dehnte ich die Entdeckungsreise bis zum Lehrter Bahnhof aus. Dort entdeckte ich vor einem Personenzug nach Stendal die P 8 Elberfeld 3023. Das war wieder eine Überraschung. Ich kannte für P 8 nur Nummern zwischen 2401 und 2599. An dieser Lok stand ferner mit weißer Schrift am Führerhaus: „Der Eisenbahndirektion Berlin zur dauernden Dienstleistung überwiesen." Es dauerte noch eine ganze Zeit, bis ich erfuhr, daß fast alle nach 1921 gebauten P 8 bei der Direktion Elberfeld geführt wurden, wohl schon im Hinblick auf die geplante Umnummerung aller Loks, um die Maschinen möglichst in einem Verzeichnis zu haben. Durch die Besetzung des Rheinlandes und des Ruhrgebietes waren die Lokomotiv-Grundbücher so in Unordung geraten, daß niemand mehr eine Übersicht über die vorhandenen Fahrzeuge hatte.

In den Sommerferien 1925 fuhren meine Eltern mit mir in die Alpen, wie schon in den Vorjahren. Wir benutzten dann einen Feriensonderzug von Berlin-Anhalter Bf nach München. Von Berlin bis Halle fuhr eine P 8 vom Bw Wittenberg. In Halle war Lokwechsel, wieder kam eine P 8 an den Zug, Elberfeld 2676 mit einem Emaillenummernschild, weiße Schrift auf schwarzem Grund. Das war einmalig, ich habe nie wieder eine preußische Lok mit einem solchen Nummernschild gesehen. In Saalfeld war es dunkel und ich durfte nicht aussteigen, um den Lokwechsel zu beobachten. Beim Aussteigen in München mußten wir an der Zuglok vorbeigehen. Die Hoffnung, eine bayerische Lok zu sehen, trog, denn eine P 8 hatte den Zug nach München gebracht. Ich nehme an, daß es eine Lok vom Bw Nürnberg H war. Auf der Rückreise fuhren wir an den Bodensee und weiter nach Basel. Ich erwartete für die Rückreise eine badische Lokomotive, aber weit gefehlt. Den Abendschnellzug nach Frankfurt/M fuhr eine P 8. Es war die Königsberg 2491. Am Führerhaus wieder die schon bekannte Anschrift: „Der Eisenbahndirektion Karlsruhe zur dauernden Dienstleistung überwiesen."

Den Lokwechsel in Heidelberg konnte ich nicht beobachten, aber in Frankfurt erkannte ich wieder eine P 8 als unsere Zuglok. Ich konnte es dann erreichen, am nächsten Mittag eine Stunde lang auf dem Frankfurter Hauptbahnhof herumspähen zu dürfen. Dies wurde eine Überraschung und Enttäuschung zugleich. Vor Schnell- und Eilzügen und den meisten Personenzügen nur P 8-Loks. Vor einem Eilzug nach Mannheim entdeckte ich wieder eine solche, aber mit der Anschrift Baden 1170 am Führerhaus. Sogar die Badische Staatsbahn besaß also P 8-Maschinen, und die Maschinenbau-Gesellschaft Karlsruhe hatte sie gebaut. Welch eine Entdeckung! Selbstredend wurde unser Schnellzug nach Berlin auch mit einer P 8 bespannt, aber nach Passieren der Mainbrücke wurde in Hanau gewechselt und eine P 10 vom Bw Erfurt übernahm den Zug. Diese P 10 trug übrigens eine ganz unbekannte Nummer 39 xxx, es war schon zu erkennen, daß die Reichsbahn beabsichtigte, ihren Lokpark umzunumerieren.

Im Frühjahr 1926 war es dann soweit. Die erste umgezeichnete Lok sah ich in Stralsund, sie trug die Nummer 38 3245 und war die frühere Stettin 2550. Als Gattungszeichen hatte sie die Anschrift P 35.17, dahinter ein Dreieck mit einem Strich darüber. Das bedeutete 3 gekuppelte Achsen, 5 Achsen insgesamt, 17 t höchster Achsdruck. Das Dreieck wies auf Teile hin, die ins Regelprofil ragten, der Strich darüber bedeutete, daß die Teile abnehmbar waren.

Ende 1926, als in Norddeutschland die Umzeichnung längst durchgeführt war, entdeckte ich in Süddeutschland, daß dort noch gar nicht damit angefangen worden war. Angeblich hatte die Gruppenverwaltung Bayern, die recht autonom war, noch keinen Auftrag zur Umzeichnung gegeben. Das geschah erst im Jahre 1927. Ehrensache, daß ich mich bemühte, den Schlüssel zur Umzeichnung zu finden. Für einen Außenseiter war das ein fast hoffnungsloses Unterfangen. Public Relations kannte man damals noch nicht, die Beschäftigung mit Lokomotivnummern grenzte hart an Spionage und Landesverrat. Nur aus den Hanomag-Nachrichten konnte der Lokfreund damals seine Kenntnisse schöpfen. So hatte zwar Rudolf Kreutzer einige Angaben über die Umzeichnung gemacht. Das reichte aber bei weitem nicht aus.

Am ersten Tag der Weihnachtsferien 1927 entschloß sich ein Primaner, in die Höhle des Löwen, zur Reichsbahndirektion Berlin am Schöneberger Ufer zu gehen und um Unterlagen über die Umzeichnung zu bitten. Ich landete beim Oberbaurat Dorpmüller, einem Bruder des Generaldirektors und späteren Verkehrsministers. Ob es nun die Weihnachtsstimmung war, oder ob ich mein Anliegen so beherzt und glaubhaft vortrug, meinem Wunsche wurde entsprochen und im Maschinentechnischen Büro händigte man mir die preußischen Umzeichnungspläne aus, die Lok für Lok aufführten.

Die P 8 hatte also die Stammnummer 38, die laufenden Nummern gingen von 1001 bis 3832. Nicht enthalten waren im Plan die Loks 38 3951 bis 4051, die schon mit neuen Nummern angeliefert waren. Die Reihennummer 1001 bis 4051 bildeten mit ihren ersten beiden Ziffern einen Index, der zur Stammnummer gesetzt die Bezeichnung 38^{10-40} ergab. Dies war die amtliche Bezeichnung für unsere Lok, im Sprachgebrauch blieb es aber bei der alten preußischen Bezeichnung P 8.

Aus dem Umzeichnungsplan war ferner zu ersehen, daß die Mecklenburgische Friedrich-Franz-Bahn und die Oldenburgische Staatsbahn P 8-Lokomotiven aus laufenden preußischen Lieferungen bekommen und in ihren Plan eingenummert hatten. (251 bis 262 in Mecklenburg und 290 bis 294 in Oldenburg.) Die Loks unterschieden sich nicht von den übrigen, die Oldenburger hatten auch keine Ventilsteuerung, so daß sie ohne weiteres in den preußischen Umzeichnungsplan übernommen werden konnten.

Im gleichen Jahr machte ich in der Bücherei des Berliner Verkehrs- und Baumuseums eine wichtige Entdeckung. Ich sah dort die alten preußischen bildlichen Lokomotivverzeichnisse, für jede Eisenbahndirektion ein Band. Diese Verzeichnisse waren durch die Umzeichnung überholt und das Museum hatte von jeder Direktion ein Druckstück erhalten. Man nannte sie auch Lokomotiv-Grundbücher. Sie enthielten neben der Aufstellung aller vorhandenen Maschinen Zeichnungen im Maßstab 1 : 50.

So hatte ich allmählich unsere Lok kennengelernt, wir wollen uns nun näher mit ihr beschäftigen.

Die Entstehung der P 8

Die P 8 sei ein Werk Robert Garbes, so kann man es oft lesen. Doch das stimmt nicht ganz. Garbe war der Vorsitzende des Preußischen Lokomotivausschusses, der das Ministerium bei der Beschaffung von Lokomotiven zu beraten hatte. Durch seine Initiative wurde der Heißdampf im Lokbetrieb eingeführt, und er war es, der den Bau einer 2C-Heißdampf-Lokomotive vorschlug. An seiner Person hing das ganze Vorhaben, aber konstruiert hat er nicht.

Garbe wurde am 9. Januar 1847 als Sohn eines Schlossermeisters in Oppeln geboren, erlernte wie sein Vater das Schlosserhandwerk und besuchte anschließend die Breslauer Bauschule. Nachdem er bei der Oberschlesischen Eisenbahn sein Praktikum beendet und 1867 die Lokomotivführerprüfung abgelegt hatte, bezog er die Provinzial-Gewerbeschule in Brieg, die er mit Auszeichnung absolvierte. Dies Ergebnis ermöglichte ihm ein Stipendium zum Besuch der Königlichen Gewerbeakademie in Charlottenburg. Nach Beendigung seines Studiums übernahm ihn die Oberschlesische Eisenbahn wieder in ihren Dienst, aber der junge Ingenieur bleibt nicht lange. 1873 finden wir ihn als Vorsteher der Zentralwerkstatt der Niederschlesisch-Märkischen Eisenbahn in Frankfurt/Oder, 1877 wurde er zur Hauptwerkstatt Berlin-Markgrafendamm versetzt. Bei der Neuordnung des Eisenbahnwesens im Jahre 1882 wurde er auf Grund seiner Leistungen von der zweiten Staatsprüfung befreit

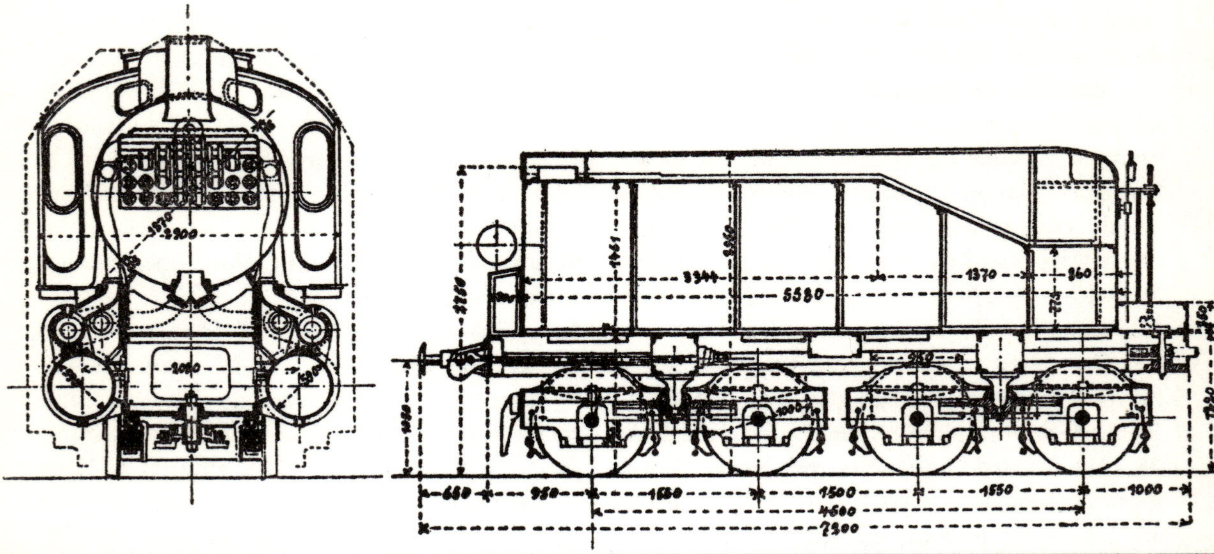

1 Betriebs- Nummer	2 Fabrik- Nummer	3 Lieferer	4 Vertrag-Nr.	5 Jahr der Indienststellung	6 Beschaffungskosten M	7 Größte Geschwindigkeit in der Stunde km	8 Art der Bremse	9 Art der Beleuchtung	10 Dampfheizung	11 Lokomotive: Zylinder: Durchmesser mm	12 Lokomotive: Zylinder: Kolbenhub mm	13 Lokomotive: Art und Lage der Steuerung	14 Lokomotive: Kessel: Dampfüberdruck atm	15 Lokomotive: Kessel: Rostfläche in der Wagerechten gemessen qm	16 Lokomotive: Kessel: Heizfläche (feuerberührt): Feuerbuchse qm	17 Lokomotive: Kessel: Heizfläche (feuerberührt): Heizrohre qm	18 Lokomotive: Kessel: Heizfläche (feuerberührt): Überhitzer qm	19 Lokomotive: Kessel: Heizfläche (feuerberührt): zusammen qm	20 Lokomotive: Radreifen (innerer Durchmesser): Treib- und Kuppelräder mm	21 Lokomotive: Radreifen (innerer Durchmesser): Laufräder mm
2401	3616	Berliner M. A. G.	A.324	1906	27350	100	Kn	Gas	ja	590	630	H.A.	12,0	2,62	14,22	135,94	(30,75)	150,16	1600	15[illegible]
2402	3617	vorm.	„	„	„	„	„	„	„	„	„	„	„	„	„	„	„	„	„	„
2403	3618	Schwartzkopff.	„	„	„	„	„	„	„	„	„	„	„	„	„	„	„	„	„	„
2404	3619	in Berlin	„	„	„	„	„	„	„	„	„	„	„	„	„	„	„	„	„	„

Lok- und Tenderskizze der ersten P 8-Lokomotive. Aus dem Cölner Lokverzeichnis von 1906.

und zum Maschineninspektor ernannt. 18 Jahre hat er in Markgrafendamm gewirkt und dort Grundlegendes für die Lehrlingsausbildung bei der Preußischen Staatsbahn geschaffen. 1895 wurde er dann als Lokomotivdezernent zur Eisenbahndirektion Berlin versetzt. Als solcher hatte er ex officio den Vorsitz im Lokomotivausschuß, dem erfahrene Fachleute angehörten. So wandte sich der Erfinder der Heißdampfmaschine, Wilhelm Schmidt, aus Kassel, an Garbe mit der Bitte, er möge dem Ministerium für öffentliche Arbeiten den Bau einer Heißdampf-Versuchslok empfehlen.

Zuerst zögerte Garbe, als er sich aber zur Erkenntnis durchgerungen hatte, daß Heißdampf auch im Lokomotivbetrieb Vorteile biete, setzte er sich mit ganzer Kraft für diese Neuerung ein. 1907 wurde das Eisenbahn-Zentralamt in Berlin gegründet und Garbe mit dem Lokomotivdezernat betraut. Weisungsbefugt war aber weiterhin das Ministerium, dem Garbe sich unterordnen mußte. Er war also keinesfalls frei in seinen Entscheidungen. Ende 1912 trat er in den Ruhestand und es war ihm vergönnt, noch 20 Jahre lang die Entwicklung der Lokomotiven zu beobachten. Er starb am

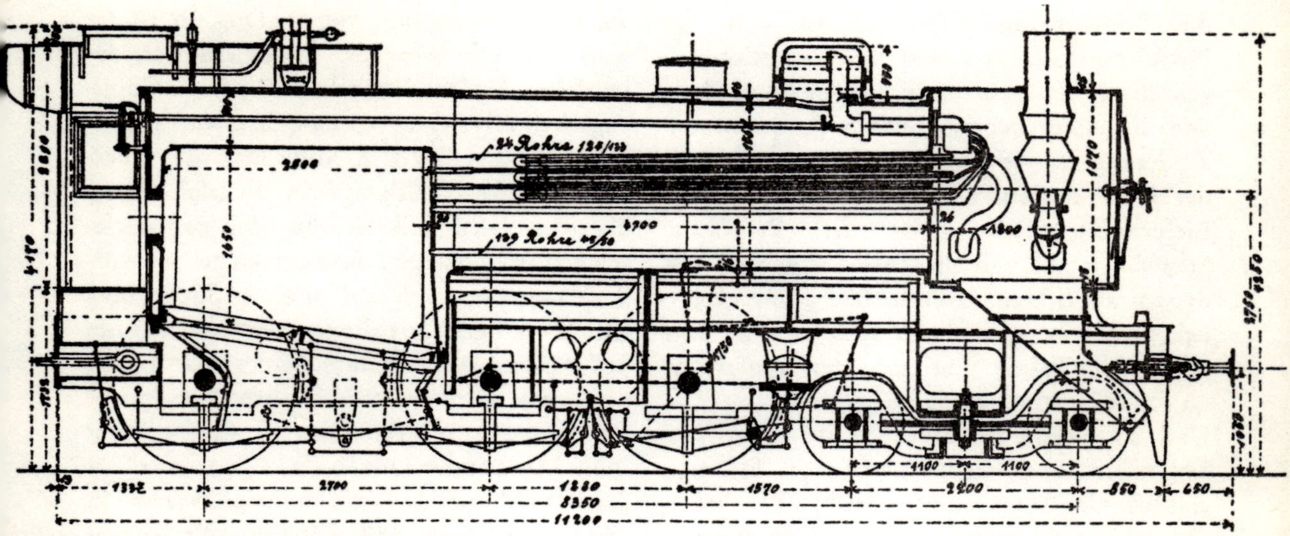

22	23	24	25	26	27	28	29	30	31	32	33	34	35
Lokomotive								Vorräte		Tender			Bemerkungen.
Schienendruck													
	dienstfähig									Gesamt-Schienendruck			
leer kg	1. Achse kg	2. Achse kg	3. Achse kg	4. Achse kg	5. Achse kg	6. Achse kg	zusammen kg	Wasser cbm	Kohlen kg	leer kg	dienstfähig kg	Radreifen (innerer Durchmesser) mm	
63645	11200	11350	15100	16100	15950	—	69700	21,5	5000	22750	49545	850	Langen-Marcottysche R.
„	„	„	„	„	„	„	„	„	„	„	„	„	„
„	„	„	„	„	„	„	„	„	„	„	„	„	„

22\. Mai 1932. Im Jahre 1905 genehmigte das Ministerium den von Garbe vorgeschlagenen Bau von 10 neu zu entwickelnden 2 C′-Heißdampflokomotiven und bestellte sie mit Vertrag A I 324 bei der Berliner Maschinenbau-Gesellschaft vorm. L. Schwartzkopff in Berlin. Die Maschinen sollten bei den Direktionen Coeln und Elberfeld zum Einsatz kommen und das Gattungszeichen P 8 erhalten und zum Vergleich mit den 1901 erbauten 2 C-Vierzylinder - Verbund - Naßdampflokomotiven, Gattung P 7, dienen. Von diesen P 7 gab es 18 Stück, die von der Maschinenfabrik Grafenstaden im Elsaß gebaut waren. Garbe erhielt den Auftrag, die Vorbereitungsgespräche mit der Firma zu führen und den Bau zu überwachen.

Wie ging das nun im einzelnen vor sich? Es wurden im Gebäude der Eisenbahndirektion Berlin oder im Werk Schwartzkopff in Wildau bei Berlin Arbeitssitzungen abgehalten, bei denen Garbe den Direktoren Brückmann und Rumschöttel von Schwartzkopff und dem Oberingenieur Hoffmann von der Schmidt'schen Heißdampfgesellschaft in Kassel seine Vorstellungen und Wünsche vortrug. Dann wurden die Einwände der Firmen besprochen und geklärt. War man sich einig, so fertigten die Schwartzkopff-Konstrukteure und die Heißdampfleute in Kassel die Werkzeichnungen an, die in weiteren Sitzungen begutachtet und diskutiert werden mußten. Jede einzelne Zeichnung mußte den Genehmigungsvermerk der Bahnverwaltung tragen. Es war so: Die Lieferbedingungen stellte die Preußische Staatsbahn auf und die Fabriken hatten sich danach zu richten. Es war also genau umgekehrt, wie es heute beim Autokauf zu sein pflegt: Die Fabrik bestimmt, der Käufer hat zu folgen. Extras werden teuer.

Und so wurde damals geplant, verworfen, konstruiert und wieder verworfen, bis man endlich das Optimum erreicht zu haben glaubte. Garbe achtete genau auf die Belange der Werkstatt und des Betriebes. Die Lok mußte auf einer 16-Meter-Drehscheibe gedreht werden können, sie durfte nicht länger als 11,20 m sein, damit sie auf den vorhandenen Arbeitsständen der Ausbesserungswerke auch untergebracht werden konnte. Es mußte möglich sein, sie ohne Schwierigkeit anzuheben, auf die leichte Zugänglichkeit von Teilen, die der ständigen Nachschau bedürfen, wurde geachtet. Der Teufel steckt bekanntlich im Detail, eine ungeschickt angeordnete Waschluke zum Beispiel kann dem Betrieb das Leben schwermachen. Größten Wert legte Garbe auf übersichtliche Anordnung der Armaturen auf dem Führerstand, die Lok sollte leicht zu bedienen sein. Garbes Mitarbeiter überwachten dann in Wildau den Bau, daß die Ausführung den Zeichnungen entsprach, die vorgeschriebenen Werkstoffe verwendet wurden und diese auch die entsprechenden Eigenschaften hatten.

Nur durch vertrauensvolle Zusammenarbeit zwischen dem erfahrenen Konstruktionsteam der Lokfabrik und erfahrenen Mitarbeitern der Bahnverwaltung kann eine gute Lok entstehen, denn zum Bau einer im Betriebe befriedigenden Lokgattung sind auch Betriebserfahrungen nötig, die eine Lokomotivfabrik gar nicht haben kann. Beim Bau der P 8 ergänzten sich alle in glücklichster Weise, so daß die Grundkonzeption von Anfang an richtig war. Dies gilt besonders für den Kessel, der im Jahre 1910 unverändert für die E-Güterzuglokomotive G 10 übernommen wurde.

Mit dem Bau der P 8 sollte auch die Überlegenheit der Heißdampf-Zwillingslok gegenüber der Vierzylinder-Verbundlok nachgewiesen werden. Solange Lokomotiven gebaut wurden, waren sich von nun an die Fachleute über den Wert der Vierzylinder-Verbundlok nicht mehr einig. Die Angelegenheit wurde damals nur vom wärmewirtschaftlichen Standpunkt aus betrachtet. Garbe führt in seinem Buche „Die Dampflokomotiven der Gegenwart" im Jahre 1907 auch andere Gesichtspunkte an. Er schreibt auf Seite 482 wörtlich: „Es ist eine fast über die Kräfte des Lokomotivführers und Heizers gehende Aufgabe, die Gangteile der beiden Innenmaschinen ebenso gewissenhaft zu überwachen, zu ölen und eintretenden kleinen Abnützungen sofort durch sorgfältiges Nachstellen der Lager zu begegnen, wie dies bezüglich der beiden außen liegenden Gangwerke geschieht. Jeder weiß, daß es schon mit dem richtigen Nachsehen der beiden Außenmaschinen bei den kurzen Aufenthalten nicht leicht ist, alles Erforderliche stets zu tun. Die Heizer scheuen das Durchkriechen zwischen den Rädern und die schwierigen Hantierungen zwischen den Rahmen um so mehr, als diese von Staub und Öl derartig verunreinigt sind, daß sie eine halbwegs anständige Kleidung nicht tragen können. Menschen, denen man eine solche Arbeit zumuten kann, stehen auf einer ziemlich tiefen Stufe und sind wiederum zum Erkennen von Schäden nicht zu gebrauchen. So erklären sich die vielen Heißläufer der inneren Dampfmaschinen und ihr starker Verschleiß."

So geschrieben im Jahre 1907. Jeder, der in den letzten Jahren mit Mehrzylinderlokomotiven zu tun hatte, wird die Richtigkeit jener Sätze bestätigen.

So wurde im Sommer 1906 die erste Maschine Coeln 2401 mit der Fabriknummer 3616 fertiggestellt. Die Lok fiel durch ein windschnittiges Führerhaus auf, das heißt die Vorderwände standen winklig zueinander. Diese Bauform sollte dazu beitragen, den Luftwiderstand zu verringern. Der Abdampf der im rechten Umlaufblech versenkten Luftpumpe wurde nicht wie bei den Naßdampfloks in die Rauchkammer geführt, sondern entwich durch ein neben dem Schornstein liegendes Rohr ins Freie. Ein Schalldämpfer war nicht vorhanden, so machte sich die Lok schon von weitem durch den knallenden Luftpumpenabdampf bemerkbar. Der Gasaustritt aus den Rauchrohren konnte zur Regulierung der Heißdampftemperatur durch Überhitzerklappen gedrosselt werden. Diese wurden selbsttätig beim Öffnen des Reglers mittels Dampf geöffnet, der in einem besonderen, auf der linken Seite der Rauchkammer liegenden Zylinder geleitet wurde. Die Klappen gelangten nach Schließen des Reglers durch ihr Eigengewicht wieder in die Abschlußstellung. Man nannte diese Einrichtung den Automat. Sie erwies sich aber als überflüssig und wurde ausgebaut.

Die Lokomotive ruht auf fünf Radsätzen, von welchen die beiden vorderen als Laufachsen ausgebildet sind und in einem Drehgestell lagern, während die drei hinteren Radsätze miteinander gekuppelt sind. Der mittlere Radsatz ist der Treibradsatz. Die rechten Kurbeln der Radsätze eilen dem linken um 90° voraus. Die an den beiden Enden der Lok überhängenden Massen sind auf das erreichbare Mindestmaß beschränkt. Die hin- und hergehenden Massen sind bis zu 30% ihres Betrages, die umlaufenden Massen voll ausgeglichen.

Der Langkessel besteht aus zwei Schüssen, der vordere ist mit der Rauchkammer durch einen Winkelring verbunden. Der Stehkessel ist im oberen Teil halbwalzenförmig als unmittelbare Fortsetzung des Langkessels ausgeführt. Die Feuerbüchse wird von vorn in den Stehkessel eingebracht. Ihre Rückwand ist senkrecht angeordnet.

Die beiden Dampfzylinder sind waagrecht außen an die Rahmenplatten angeschraubt, beide Zylindergußstücke sind einander völlig gleich.

Die Bremse wirkt nur auf die gekuppelten Räder, die Laufräder abzubremsen lehnt Garbe aus Sicherheitsgründen ab.

Der mit Plattenrahmen-Drehgestell ausgerüstete Tender faßte 21,5 m^3 Wasser und 5 t Kohle.

Im August 1906 begannen die Versuchsfahrten mit der 2401 in Grunewald.

Mit den Meßergebnissen im einzelnen brauchen wir uns nicht zu befassen.

Sie waren bald veraltet und überholt. Halten wir nur fest, daß bei einem Zuge von 48 Achsen 1,7 t Kohle auf 100 Kilometer verbraucht wurde. Das ist nach heutigen Begriffen ein recht hoher Wert.

Vier Loks gingen zur Direktion Coeln (2401 bis 2404) und sechs Loks nach Elberfeld (2401 bis 2406). Der Nummer mußte immer noch die Direktionsbezeichnung hinzugesetzt werden, weil jede preußische Eisenbahndirektion eine eigene Lokomotivnummerung hatte. Es stellte sich in beiden Bezirken bald heraus, daß die neuen P 8 den Vierzylinder-Verbundlokomotiven eindeutig überlegen waren.

Nach dem Verzeichnis der Direktion Coeln kostete eine Lok 84 350.— Mark. Die Angabe, daß die Überhitzerheizfläche nur 30,75 m^2 betragen soll, ist problematisch. Im Elberfelder Verzeichnis wird für die Lok 48,8 m^2 angegeben. Wenn die Coelner Angabe richtig ist, muß die Überhitzerfläche innen, also auf der Dampfseite gemessen sein, während man sonst außen, also auf der Gasseite mißt.

Diese ersten zehn Lokomotiven hatten folgende Hauptabmessungen:

Zylinderdurchmesser	590 mm
Kolbenhub	630 mm
Treibraddurchmesser	1 750 mm
Kesselspannung	12 atü
Rostfläche	2,6 m^2

P 7. 2 C

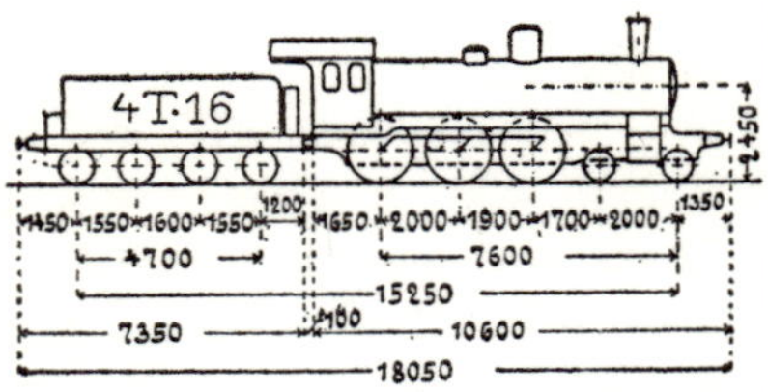

P 8. 2 C

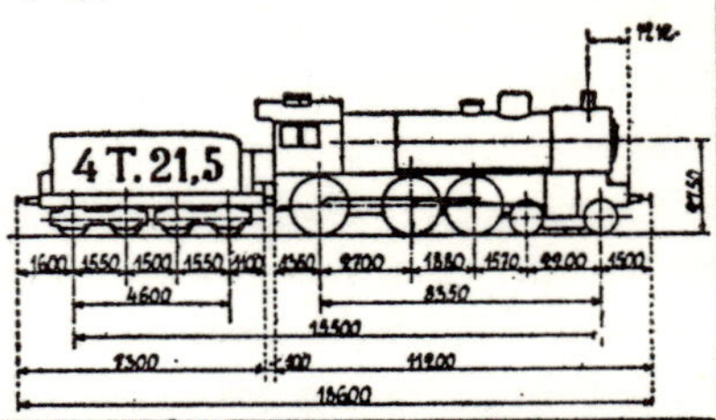

Leistungsfähigkeit in t für längere Steigungen.

km/Std.	P 7: 40	50	60	70	80	90	P 8: 40	50	60	70	80	90
1:40	40	20	—	—	—	—	100	70	45	25	—	—
1:60	100	65	40	20	—	—	185	140	110	75	50	20
1:100	190	140	100	70	45	—	330	260	205	155	120	75
1:150	280	225	160	120	85	45	480	380	300	240	185	130
1:200	355	240	210	155	110	70	605	475	380	300	235	165
1:300	475	365	275	215	160	100	790	625	495	400	305	220
1:400	560	430	325	245	185	115	925	730	580	460	355	260
1:500	625	475	355	270	205	130	1030	810	640	510	395	285
1:1000	800	605	455	345	255	165	1310	1030	810	640	490	355
1:∞	1090	820	600	450	325	215	1800	1385	1070	830	630	455

Leistungstabelle der P 7- und P 8-Lokomotive aus dem Merkbuch für Fahrzeuge, Ausgabe 1912

Verdampfungsheizfläche		
Siederohre + Feuerbüchse		
135,9 + 14,7	=	150,6 m^2
Überhitzerheizfläche		48,8 m^2
Reibungsgewicht		47 700 kp
Dienstgewicht		69 550 kp
Gewicht des vollen Tenders		49 850 kp

Die zweite Serie wurde noch 1906 mit Vertrag Nummer A 1 417 bei den Vulcan-Werken in Stettin bestellt. Die Lieferung erfolgte 1907 mit den Fabriknummern 2346 bis 2352 an die Direktion in Königsberg, wo sie die Betriebsnummern 2401 bis 2407 bekamen. Die Überhitzerheizfläche war etwas vergrößert worden, die Gesamtheizfläche stieg auf 200,26 m^2. Den Wert von 200 m^2 für die Heizfläche wollte Garbe auf keinen Fall unterschritten wissen. Der Bezirk Königsberg besaß im Jahre 1907 für den Schnellzugdienst nur fünfundzwanzig 1B-Loks der Gattung S 1, vierzig 2B-Loks der Gattung S 3, und fünf 2B der Gattung S 5. Alle also zweifach gekuppelte Naßdampflokomotiven, von denen die S 1 Zwillings-, die übrigen Zweizylinder-Verbundloks waren. Der Einsatz der P 8 muß hier beeindruckend gewesen sein und war geschickt gewählt, denn die alten 2B′-Loks bedeuteten ja keine Konkurrenz. So konnte man in aller Ruhe die P 8 erproben und Mängel beseitigen. Deren gab es mehr als genug. Der schlimmste war: Die Treibstangenlager neigten zum Warmlauf. Auf Versuchsfahrten hatte die Lok zwar eine Geschwindigkeit von 105 km/h erreicht, aber ohne Warmlauf der Lager ging es bei diesen Geschwindigkeiten meist nicht ab. Garbes Hoffnung, daß die Lok für 110 km/h Höchstgeschwindigkeit zugelassen werden könnte, erfüllte sich nicht. Er plante den Treibraddurchmesser auf 1980 mm zu erhöhen, es wäre auch möglich gewesen, einen Kessel mit 215 m^2

Heizfläche unterzubringen, aber das Ministerium genehmigte den Bau nicht. Eine noch größere Leistung hätte noch größere Kolbendrücke und damit auch höhere Lagerdrücke gebracht, und die glaubte man damals nicht beherrschen zu können. Garbe empfahl stärkere Treibzapfen, in einer Größenordnung, wie sie auch die Amerikaner verwendeten, aber das Ministerium war ängstlich und wollte kein Risiko eingehen. Der Ausweg war der Bau einer Vierlingslokomotive, bei der die Kolbenkräfte auf vier Zylinder verteilt wurden. Eine solche Lokomotive wurde gebaut, es war die S 8, deren Entwicklung aus der P 8 unverkennbar ist. Doch deren Schicksal gehört zur Geschichte der S 10-Gruppe und kann hier nicht behandelt werden. Bei der P 8 blieb nichts weiter übrig, als den Zylinderdurchmesser von 590 mm auf 575 mm zu verringern. Dadurch ermäßigten sich die Lagerdrücke erheblich. Hohe Belastungen der Lager entstehen auch durch Kompressionsdrücke kurz vor der Endlage des Kolbens. Dies wurde durch Veränderung der Voreinströmung von 3 auf 5 mm gemildert. Die Erhöhung des Schieberdurchmessers von 200 auf 220 mm wurde ebenfalls für erforderlich gehalten. Wie es überhaupt schwierig war, einen passenden Kolbenschieber zu finden. Im Laufe der Jahre wurden viele Kleinigkeiten verbessert und die P 8 war schon eine brauchbare Maschine geworden. Von einer Versuchsfahrt mit der Lok 2425 Frankfurt, gebaut von Schwartzkopff im Jahre 1910, hat Garbe einen interessanten Wert übermittelt: den Kohlenverbrauch pro PS am Zughaken und Stunde. Er beträgt 1,798 kg. Mit tausend multipliziert bedeutet das: Wenn die Lok eine Stunde lang 1000 PS gleichmäßig abgibt, so verbraucht sie dabei rund 1,8 t Kohle. Den Wert wollen wir uns merken. Als Garbe im Jahre 1912 in den Ruhestand trat, waren zur Zeit seines Ausscheidens etwa 350 P 8-Lokomotiven gebaut. Auch diese Zahl wollen wir im Hinblick auf die Gesamtstückzahl von 3800 P 8-Loks beachten.

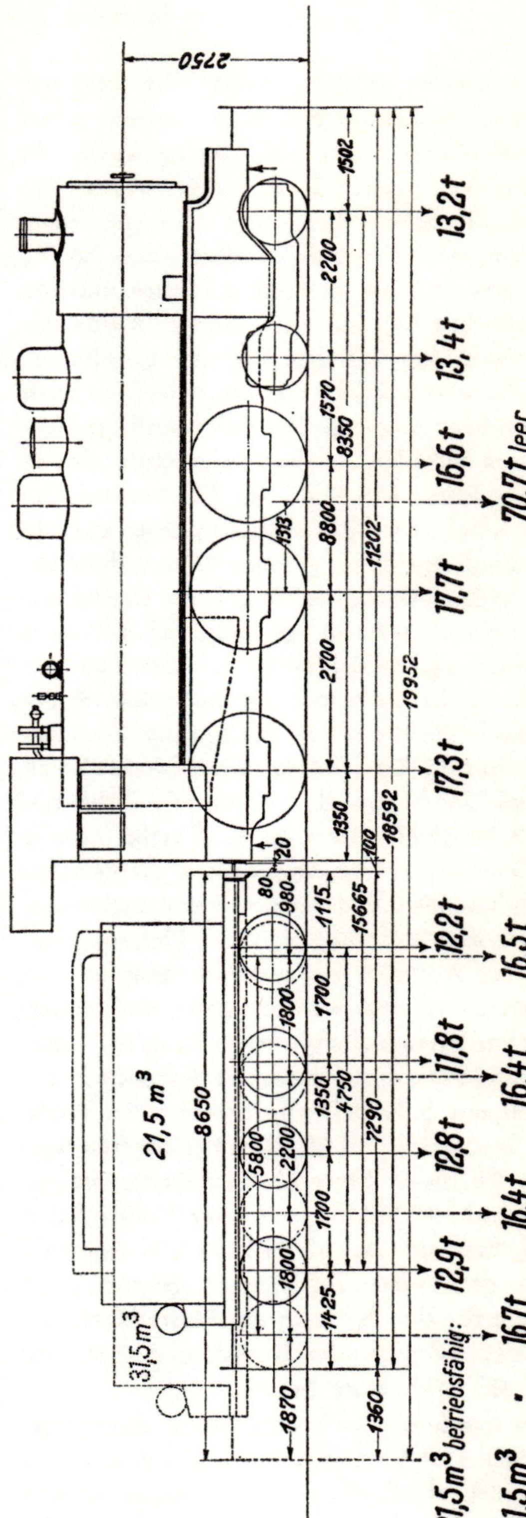

Achsstände und Achsdrücke der genormten Lok mit 21,5 m³ und 31,5 m³-Tender

Weitere Verbesserungen

Nach Garbes Abgang wurde der Entwurf nochmals überarbeitet. Daran waren neben Schwartzkopff auch die Borsig-Werke in Berlin-Tegel beteiligt. Geändert wurde vor allem die äußere Steuerung. Der gußeiserne Schwingenträger wurde charakteristisch für die P 8 und ist in dieser Form an keiner anderen preußischen Lok zu sehen. Ferner wurde das Bremsgestänge geändert und die Überhitzerheizfläche vergrößert. Die Lok erhielt dadurch ein anderes Aussehen. Das windschnittige Führerhaus hatte Garbe schon aufgegeben, als sich herausstellte, daß die Lok für höchste Geschwindigkeiten nicht zu gebrauchen war, da die Windschneide bei geringer Fahrt nicht wirksam schien. Amtlich erfolgte keine Unterscheidung der alten Form von 1906 und der neuen Ausführung. So ist es schwer auszumachen, welche Loks die ersten mit der neuen Steuerungsausführung waren. Ich bin der Meinung, daß dies die Loks Altona 2408 bis 2410 und Cassel 2459 von Schwartzkopff, Fabr.-Nr. 4949 bis 4952 waren, denn ich habe die alte 2410 als 38 1394 im Aug. 1938 in Harburg gesehen und als Lok der neuen Form ausgemacht. Es ist auch auffällig, daß die Lieferung auf Vertrag A I 639 nur vier Lokomotiven umfaßte. Es ist also wahrscheinlich, daß es sich hier um Versuchsausführungen handelt. Hinter der 38 1394 eingenummerte Lokomotiven gehören mit Sicherheit wieder zur alten Form. Die Nummern 38 1447 bis 1481 dürften wieder die neue Steuerungsanordnung haben, während 38 1482 bis 1494 alter Konstruktion sind. Erst die Loks ab 38 1495 sind eindeutig nach den neuen Zeichnungen gebaut. Jetzt wurde für die P 8 auch ein Musterblatt aufgestellt, es trägt die Bezeichnung XIV $1a^1$ und $1a^2$ (Abb. Seite 24/25).

1914 wurde die Speisewasservorwärmung eingeführt. Der Vorwärmer befand sich auf dem linken Umlauf, die Kolbenspeisepumpe war dahinter angebracht. Etwa ein Sechstel des Abdampfes gelangte in den Vorwärmer. Die Abnahme erfolgte vom linken, hinteren Ausströmkasten. Ebenso wurde der Abdampf der Luft- und Speisepumpen in den Vorwärmer geleitet. Dort erwärmte er das Speisewasser, kondensierte und lief durch einen Abfluß in den Aschkasten. Um trotz dieser Dampfentnahme den nötigen Unterdruck in der Rauchkammer zu erhalten, mußte das Blasrohr um 5 mm verengt werden. Endlich wurde 1915 die Überhitzerheizfläche auf 58,9 m^2 vergrößert. Statt 24 Heizrohren erhielten die Loks nun 26. Durch diese Änderungen war die Lok erheblich leistungsfähiger geworden. Es war Kriegszeit und schneller als mit 90 km/h wurde kaum gefahren. Das Bremsgewicht reichte aber bei den schweren Zügen nicht aus, so daß man sich entschließen mußte, auch eine Drehgestellbremse mit entsprechend niedriger Abbremsung vorzusehen. Entgegen Garbes Befürchtungen sind Nachteile dadurch nicht entstanden. Durch den Waffenstillstand von 1918 mußten über 600 P 8-Lokomotiven an das Ausland abgegeben werden. Diese Loks wurden durch Neubauten ersetzt. In den Jahren 1920 bis 1922 sind über 1200 P 8-Loks nachgebaut worden.

Es setzte ein Boom im Bau der P 8 ein. Dabei gab es wieder einige Veränderungen. Die Kesselspeiseventile wurden rechts und links oben auf den Kessel gelegt, das Speisewasser durch Taschen geleitet, in denen sich der Schlamm absetzen sollte. Der Dampfdom wurde zurückgelegt, der Sandkasten kam vor den Dom. Schließlich erhielten die Loks einen zweiten Dom, den Speisedom, in dem ein Kaskadenschlammabscheider untergebracht war. Die ab 1921 gebauten Loks erhielten ein Führerhaus mit Lüftungsaufsatz. Gekuppelt wurden die Maschinen nun mit einem vierachsigen Tender mit Fachwerkdrehgestellen und 21,5 bzw. 31,5 m^3 Wasserinhalt, ein Entwurf der Vulcan-Werke, Stettin.

Die Reichsbahn hat in den Jahren 1927/28

nach den Lokomotivnormen genormt, das heißt metrisches Gewinde und Passungen nach DIN eingeführt, einheitliche Armaturen angebracht. Die genormten P 8 erhielten auf der vorderen Pufferbohle die Anschrift Genormt M 10. Äußerlich waren sie auch an einer neuen, genormten Dampfpfeife zu erkennen. Ab 1928 erhielten sie dann die Windleitbleche, welche den Niederschlag des Abdampfes vor dem Führerhausfenster verhindern sollten. Statt der Gasbeleuchtung wurde ab 1932 die elektrische Beleuchtung eingeführt. Die Lage der Lichtmaschine auf der Lok wurde mehrfach geändert, zuerst ordnete man sie vor dem Schornstein an, später befand sie sich rechts oben an der Rauchkammer und dann allgemein links oben.

1931 baute Henschel die 38 3255 um. Die Lok erhielt einen 1B2-Abdampfturbinentriebtender. Der Abdampf der Lok gelangte nicht mehr ins Freie, sondern wurde einer Turbine zugeführt, welche auf ein am Tender angebrachtes Triebwerk wirkte. Da der Auspuff zur Feueranfachung entfiel, mußte die Lok einen künstlichen Saugzug mittels Gebläse erhalten. Sie wurde als T 38 3255 bezeichnet, ist aber aus dem Versuchsamt nicht herausgekommen. Dennoch gewann man mit ihr wichtige Erkenntnisse für den Bau von Kondenslokomotiven. 1938 wurde sie ausgemustert. Man machte auch Versuche mit Ventilsteuerungen. Die 38 2687 erhielt eine Caprotti-Steuerung, die 38 2687 und 38 4010 eine Lentz-Ventilsteuerung. Die Versuche ergaben, daß diese Steuerungen keine Vorteile gegenüber einem guten Schieber bieten, und die Reichsbahn lehnte im Gegensatz zur ÖBB die Einführung der Ventilsteuerung ab.

Nach dem Zweiten Weltkriege rüstete die Deutsche Bundesbahn eine größere Anzahl P 8-Lokomotiven mit Wannentendern der Kriegslok BR 52 aus, wenn die alten Tender schlecht waren. Gleichzeitig wurde an allen P 8 die schon während des Krieges erprobten Witte-Windleitbleche angebracht, was den Loks ein besseres Aussehen verlieh. Auch die Rauchkammerverschlüsse wurden geändert. Schon in der Kriegszeit hatte man damit begonnen, den Mittelverschluß zu entfernen und die Rauchkammer nur durch die seitlichen Riegel zu verschließen. Die Bundesbahn rüstete alle P 8 so aus. In den fünfziger Jahren wurde noch viel für ihre Dampfloks getan. So erhielten alle P 8 neue Luftpumpen und neue Kolbenspeisepumpen. In diesen Jahren wurde auch die innere Kesselspeisewasseraufbereitung eingeführt, die es ermöglichte, die Auswaschfrist von 8 bis 10 Tagen auf 30 bis 40 Tage auszudehnen. Durch Beigabe von Soda wurden die Kesselsteinbildner ausgefällt und ein chemisches Bremsmittel verhinderte das Schäumen des Kesselwassers. Die P 8 erhielten unten in der Mitte der Stehkesselvorderwand ein Abschlammventil, welches regelmäßig bedient werden mußte. Auf den Putzzustand wirkte sich dieses Verfahren recht ungünstig aus, denn durch den Dampf mitgerissenes sodahaltiges Wasser verursachte weiße Ablagerungen auf dem Kessel.

Es muß noch erwähnt werden, daß die Lokomotiven 38 2919 und 38 2990 im Jahre 1951 bei Krauss-Maffei mit einem zweiachsigen, kurz gekuppelten Tender ausgerüstet und in 78 1001 und 1002 umgenummert wurden. Für solchen Umbau bestand aber keine betriebliche Notwendigkeit, da genügend 2C2-Tenderlokomotiven Reihe 78 vorhanden waren. Es verblieb daher bei diesen beiden Umbauloks, die 1962 bereits ausgemustert waren.

In den letzten Jahren, etwa ab 1963, sind die noch in Betrieb befindlichen P 8 mit der elektronischen Indusi, Bauart J 60, ausgerüstet worden. Während der Antrieb des Deuta-Geschwindigkeitsmessers von der hinteren Kuppelachse rechts erfolgte, mußte nun der Antrieb des Geschwindigkeitsmessers an die vordere Laufachse gelegt werden, weil Indusi-Geschwindigkeitsmesser für größere Raddurchmesser nicht gebaut werden. Dies war nun die letzte auffällige Änderung an unserer Lok.

Die Hauptabmessungen der genormten Lokomotive

1.	Zylinderdurchmesser		575 mm
2.	Kolbenhub		630 mm
3.	Treibraddurchmesser		1 750 mm
4.	Laufraddurchmesser		1 000 mm
5.	Fester Achsstand		4 580 mm
6.	Ganzer Abstand		8 350 mm
7.	Höchstgeschwindigkeit		100 km/h
8.	Betriebsdruck des Kessels		12 atü
9.	Rostfläche		2,64 m^2
10.	Heizfläche der Feuerbüchse, feuerberührt		14,58 m^2
11.	Heizfläche der Rohre, feuerberührt		130,38 m^2
	a) Rauchrohre	48,65 m^2	
	b) Heizrohre	81,73 m^2	
12.	Ganze Verdampfungsheizfläche, feuerberührt		144,96 m^2
13.	Verhältnis: Heizfläche zu Rostfläche		55 : 1
14.	Überhitzerheizfläche		58,90 m^2
15.	Wasserinhalt des Kessels bei 150 mm Stand über Feuerbüchsdecke		6,5 m^3
16.	Dampfraum hierbei		3,1 m^3
17.	Verdampfungsoberfläche hierbei		9,57 m^2
18.	Größte Verdampfung in der Sekunde (bei 60 kg/m^2/h)		etwa 2,42 kg
19.	Größter Dampfdurchgang durch 1 m^2 Verdampfungsoberfläche in der Sekunde		etwa 0,253 kg
20.	Länge der Rohre zwischen den Rohrwänden		4 700 mm
21.	Durchmesser der Heizrohre (123 Stück)		45/50 mm
22.	Durchmesser der Rauchrohre (26 Stück)		125/133 mm
23.	Durchmesser der Überhitzerrohre		30/38 mm
24.	Heizfläche des Abdampfvorwärmers		13,4 m^2
25.	Reibungsgewicht der Lok		51 600 kp
26.	Dienstgewicht der Lok		78 200 kp
27.	Leergewicht der Lok		70 700 kp

Die P 8 im Betriebe

Wenn Zweckmäßigkeit prämiert werden würde, dann hätte die P 8 den ersten Preis zu beanspruchen. Die Werkstatt lobte die Übersichtlichkeit des Aufbaus, alle Teile waren leicht ab- und anzubauen. Durch weitgehende Normung, die G 10 hatte ja den gleichen Kessel, gab es keine Schwierigkeiten bei der Ersatzteilbeschaffung. Die Gußstücke für die rechten und linken Zylinder waren zum Beispiel gleich, einen Ersatzzylinder bekam man schnell, wenn es einmal erforderlich wurde. Das Ersatzteillager konnte klein gehalten werden.

Der Lokführer hatte mit dieser Maschine nicht viel Arbeit. Alles ließ sich leicht überblicken und kontrollieren.

In fünfundzwanzig Minuten konnte man vorschriftsmäßig abölen und das Feuer zur Fahrt vorbereiten. Die lange, schmale Feuerbüchse verlangte zwar eine gewisse Sorgfalt in der Feuerhaltung, was aber leicht zu erlernen war. Das Feuerbett mußte muldenförmig aufgebaut werden, an den Seiten und hinten wurde der Brennstoff höher aufgegeben, vor der Rohrwand hielt man ein niedrigeres, helles Feuer. Die hinteren Ecken packte man mit großen Kohlenstücken voll. Dies ließ sich jedoch nur dann durchführen, wenn nicht die Höchstleistung von der Lok gefordert wurde. Wurden aber die letzten Reserven benötigt, so mußte man ein gleichmäßiges, helles Feuer haben. Es durften keine Luftlöcher auf dem Rost entstehen, aber das Feuer mußte so niedrig als möglich gehalten werden. So behandelt, lieferte der Kessel schon die erforderliche Dampfmenge. Die Reichsbahn rechnete mit einer Heizflächenbelastung von 57 kg pro m^2 und Stunde. Versuche nach 1945 in Göttingen ergaben jedoch, daß man unbedenklich noch höher gehen konnte, ohne daß der Kessel Schaden erlitt. Lag jedoch das Feuer nicht richtig, so fiel der Dampfdruck schnell ab. Bei keiner Lokart wirkte sich Dampfmangel so fatal aus, mit 10 atü Kesseldruck wurde die Lok träge im Lauf. Es war dann nicht mehr möglich, die Fahrzeit zu halten. Es wäre ja viel besser gewesen, wenn die Lok für eine Dampfspannung von 14 atü gebaut worden wäre. Das war aber der Irrtum Garbes, der meinte, bei Anwendung von Heißdampf könne man zur Schonung des Kessels mit dem Dampfdruck heruntergehen. Das Gegenteil wäre richtig gewesen.

Mit etwas Gefühl und Geschicklichkeit ließ sich ein 600-Tonnenzug in Bewegung setzen, ohne daß die Lok ins Schleudern kam. Regler auf, etwas zurücknehmen, warten bis die Lok anfährt, dann Steuerung langsam zurücknehmen bis etwa vier Zehntel bei 30 km/h und Regler ganz aufmachen bis zum Anschlag. Dann mit zunehmender Geschwindigkeit Steuerung weiter zurücklegen, je nach Schwere des Zuges auf drei Zehntel bis zwei Zehntel. Bei 100 km/h konnte man gut mit drei Zehntel Füllung fahren, der Kessel schaffte den benötigten Dampf.

Das Fahren mit voll geöffnetem Regler und 12 atü Schieberkastendruck war in Norddeutschland die Regel, in Süddeutschland fuhr man lieber mit etwas gedrosseltem Regler. Ein Wasserreißen brauchte man selbst bei ganz geöffnetem Regler nicht zu befürchten. Später, als von der Bundesbahn die innere Kesselspeisewasseraufbereitung eingeführt wurde, mußte man schon vorsichtiger sein. Infolge von Sodabeigaben schäumte das Kesselwasser, was durch ein Antischäummittel gebremst werden mußte. Dieses Mittel wurde unwirksam, wenn der Dampfdruck im Kessel zu weit sank. Dann konnte es vorkommen, daß wahre Fontänen dem Schornstein entwichen.

Eigenartig war auch, daß die zweite Laufachse immer handwarm lief, während die übrigen Achsen kalt blieben. Diese Erscheinung erwies sich aber als ganz ungefährlich.

Man konnte die P 8 für alle Dienste einsetzen,

die keine höhere Geschwindigkeit als 100 km/h verlangten. Wir haben bereits gesehen, daß anfangs der zwanziger Jahre die P 8 einen großen Teil des Schnellzugdienstes besorgte. Solange sich die Geschwindigkeiten zwischen 75 und 85 km/h hielten, beförderten sie die schweren Züge billiger als eine Mehrzylinderlok der S 10-Gruppe. Ideal war sie für schwere Ausflugs-Sonderzüge oder für Eilgüterzüge. Abbildung 7 zeigt einen solchen Sonderzug von Hannover nach Eisenach in Bebra, aufgenommen im Jahre 1925. Die D-Züge D 45/46 Wiesbaden — Berlin Stadtbahn und zurück wurden mit P 8-Loks des Bw Güsten zwischen Güsten und Berlin bis Mitte der dreißiger Jahre gefahren. Für den mit P 8 des Bw Wittenberge bespannten D 160 zeigen wir den Fahrplanabschnitt Wittenberge — Altona (Abb. Seite 21).

Man sieht, zwischen Hagenow Land und Bergedorf waren die Fahrzeiten knapp, was aus dem Unterschied zwischen normaler und kürzester Fahrzeit ersichtlich ist. Normallast waren 450 t Last, bei kürzester Fahrzeit 250 t.

In den Jahren 1937 bis 1939 hatte das Bw Schwerin den D 168 Wismar — Magdeburg mit S 10^1, BR 17^{10}, zu fahren. Die Leistung lag in einem dreitägigen Umlauf, drei S 10^1 waren vorhanden. Eine davon stand lange Zeit im Ausbesserungswerk. Es mußten also ständig P 8-Lokomotiven als Aushilfe einspringen. Zwei Loks, 38 2026 und 38 4011 mit 31,5 m^3-Tender standen dafür bereit. Die Fahrten mit der P 8 verliefen stets einwandfrei, die P 8 zog wesentlich schneller an und gewann damit Fahrzeit. Als die Lübeck-Büchener Eisenbahn 1938 von der Reichsbahn übernommen wurde, mußten P 8-Lokomotiven als Lokhilfe nach Lübeck überstellt werden, weil der Lokpark der Privatbahn völlig abgewirtschaftet war. Aus Schwerin kam die 38 1792, aus Neubrandenburg die 38 3969 und 38 3970. Diese Lokomotiven haben die Schnellzüge zwischen Lübeck und Hamburg anstandslos befördert und damit den Beweis geliefert, daß die Lübeck-Büchener viel besser daran getan hätte, statt ihrer Mehrzylinderloks preußische P 8 zu beschaffen. Aber das ging wohl aus Prestigegründen nicht. Eine selbständige Bahngesellschaft mußte eigene Lokbauarten haben. Übrigens im Saisonverkehr, besonders zu Pfingsten, lieh sich die Lübeck-Büchener immer P 8 von der Reichsbahn, die wegen der kurzen Drehscheibe in Hamburg mit 16,5 m^3-Tendern der Baureihe 55 gekuppelt werden mußten. Die Lübecker Lokführer befreundeten sich mit der P 8 sehr schnell. P 8-Lokomotiven gab es überall und waren für alles zu gebrauchen, zum Rangieren, für Güterzüge, Eilgüterzüge, Personen- und Eilzüge und unter gewissen Einschränkungen auch im leichten Schnellzugdienst.

Der Leser erwartet nun eine Beschreibung einer ereignisreichen Fahrt auf dem Führerstand oder Mitteilungen über spektakuläre Höchstleistungen. So möge er mir nun nach Lübeck folgen.

Es ist 16.10 Uhr an einem Donnerstag Ende Mai 1938. Wir stehen mit unserer Lok 38 1791 vor dem Dg 6113 auf dem Güterbahnhof Moisling. Eigentlich sollten wir diesen Zug gar nicht fahren, wir hatten einen Viehzug nach Lübeck gebracht und sollten leer nach Bad Kleinen zurück. Aber die Zuglok des 6113 war defekt und so mußten wir einspringen. Der Zugführer hat uns etwas über tausend Tonnen Last gemeldet. Der Heizer ist dabei, sich ein ordentliches Feuer mit oberschlesischer Kohle aufzubauen. Um 16.14 zeigt das Ausfahrsignal freie Fahrt und pünktlich 16.15 Uhr starten wir. Es ist eine schwere Arbeit, aus dem Weichenbereich in Moisling ohne Schleudern herauszukommen. Nachschub gibt es nicht. Reißt man den Regler zu weit auf, kommt die Lok ins Schleudern, so fühlen wir uns unter dauernder Betätigung des Sandstreuers bis nach Mönkhof, dem Block am Überweg der Ratzeburger Landstraße, vor. Nun allmählich kommt der Zug ins Rollen, beim Passieren der Wakenitz-Brücke ahnen wir nicht, daß hier

D 160 (15,1) 1.—3. Klasse.

Leipzig Hbf—Halle—Magdeburg—Stendal—**Wittenberge—Hamburg—Altona**

Höchstgeschwindigkeit ab Wit **100** km/h
" Hbg **65** "
P 35. 17 (38^{10-40})

Mindestbremshundertstel 95
Fahrzeitzuschlag 5 %

1	2	3	4	5	6	7	8	9	10	11	12
	Wittenberge ▼	**1019**	5	**1024**							500
5,4	Bk Bentwisch	—	—	30,8							450
3,7	Dergenthin	—	—	32,8							220
3,5	Bk Nebelin	—	—	35,1							
5,1	Karstädt	—	—	38,4							
5,6	Bk Stresow	—	—	42	32	28,3					
4,9	Wendisch-Warnow	—	—	45							
3,7	Bk Neese	—	—	47,3							
4,7	Grabow (Mecklenbg.)	—	—	50,2							
3,0	Bk Grünhof	—	—	52,2							
4,5	● **Ludwigslust**	**1056**	1	57							
4,9	Bk Niendorf	—	—	1102,8							
5,0	Jasnitz	—	—	05,6							
4,1	Strohkirchen	—	—	08,8	17	14,8					
4,0	Bk Moraas	—	—	11							
3,1	**Hagenow Land**	**1114**	9	23							
2,8	Bk Pactow	—	—	27							
3,7	Bk Warlitz	—	—	29,6							
4,3	Pritzier	—	—	32,3							
3,8	Bk Melkof	—	—	34,6							
5,1	**Brahlstorf**	—	—	37,7	31,8	30,2					
6,7	Kuhlenfeld	—	—	41,7							
3,0	Bk Neu-Gülze	—	—	43,5							
3,7	● Boizenburg	—	—	45,7							

Noch D 160

1	2	3	4	5	6	7	8	9	10	11	12
	● Boizenburg	—	—	**1145,7**							450
3,3	Bk Metlitzhof	—	—	47,7							500
4,3	● Schwanheide	—	—	50,8							220
2,4	● Bk Zweedorf	—	—	51,8							
4,0	● **Büchen**	—	—	54,9							
5,2	● Müssen	—	—	57,4							
5,2	**Schwarzenbek**	—	—	**1200,6**							
2,6	Bk Bude 296	—	—	02,2							
3,3	Bk Sachsenwald	—	—	04,2							
4,4	Friedrichsruh	—	—	06,8	18,8	18,7					
1,8	Aumühle b. Friedrichsruh	—	—	07,9							
2,7	● Wohltorf	—	—	09,5							
2,3	● Reinbek	—	—	10,9							
3,7	**Bergedorf**	—	—	13,1							
1,2	Bk Bk	—	—	13,8							
1,3	Bk Bs	—	—	14,6							
1,2	Stellwerk Bs	—	—	15,8							
1,7	Mittlerer Landweg	—	—	16,3							
3,1	Billwärder-Moorfleth	—	—	18,2	12,9	12,9					
2,8	▼ **Tiefstack**	—	—	19,8							
1,8	Rothenburgsort	—	—	21,1							
2,0	▼ ● Berliner Tor	—	—	23,1							
1,5	**Hamburg Hbf.** ▼	**1226**	5	31							
1,5	● Hamburg Dammt.	34,5	1,5	36	3,5	2,6					
1,6	● Hambg. Sternsch.	—	—	39,1	9	8,2					
1,3	● Altona Holstenstr.	—	—	40,6							
2,1	**Altona Hbf.** ▼	**1245**	—	—							
166,6											

Auszug aus dem Fahrplanbuch 1 b der Reichsbahndirektion Altona vom 15. 5. 1933

mal eine Staatsgrenze sein wird. Die nächste Station Herrnburg liegt in Mecklenburg. Jetzt geht alles wie am Schnürchen. Wir fahren mit 55 km/h, mit der für den Zug vorgeschriebenen Höchstgeschwindigkeit. Mit Karacho geht es dann durch Schönberg und dann in die Steigung hinauf nach Menzendorf. Die Steuerung wird auf vier Zehntel ausgelegt, bei voll geöffnetem Regler beginnt jetzt das Sicherheitsventil zu blasen und der Heizer stellt den Gang der Speisepumpe schneller. Nach neun Minuten sind wir oben und haben immer noch eine Geschwindigkeit von 40 km/h. Dann kommt Gefälle bis nach Grieben, auf dem die Lok sich erholen kann. Der Zug ist nun schön im Rollen, mühelos erreichen wir Grevesmühlen, um dann nochmals in eine Steigung nach Plüschow einzufahren. Wieder brauchen wir neun Minuten, um den Berg hinaufzufahren, dann haben wir es geschafft. Von Plüschow nach Bad Kleinen ist Gefälle, dahin läuft der Zug allein. Pünktlich um 17.34 kommen wir am Zielbahnhof an. Der Kohlenverbrauch für die 63 km lange Strecke beträgt zwei Kasten, also rund eine Tonne. Das war eine ganz normale Fahrt, aber wer uns auf der Steigung vor Menzendorf gesehen hätte, wäre sicher von der schweren Arbeit der Lok beeindruckt gewesen. Es sieht ja von draußen manches schwieriger aus, als es wirklich ist. 1926 fuhr ich einmal von Cottbus nach Berlin. Unseren Eilzug, bestehend aus zwölf vierachsigen Abteil- und einem vierachsigen Gepäckwagen (52 Achsen) zog eine P 8 so spielend leicht und erreichte eine Geschwindigkeit von 90 km/h, daß ich voller Bewunderung war. Viel später habe ich bei Fahrten auf dem Führerstand gesehen, daß der größte Teil der Strecke von Cottbus nach Königs Wusterhausen bei Berlin im Gefälle liegt. Kein Wunder, daß ein Zug da läuft! So kann man sich täuschen, wenn man die Lok beobachtet und die Strecke nicht kennt.

Als Schuljunge habe ich öfter auf dem Bahnsteig in Friedrichshagen gestanden und zur Ferienzeit die Züge nach Schlesien beobachtet. Es kam dann auch vor, daß eine P 8 einen schweren Schnellzug als Vorzug oder Sonderzug fahren mußte. Das schwere Arbeiten der Maschine war imposant, daß aber von Fürstenwalde nach Frankfurt/Oder Gefälle war, wußte ich nicht, erst recht nicht, ob in Frankfurt Lokwechsel war. Es ist nicht alles so dramatisch, wie es aussieht!

Umgekehrt, wirkliche Leistungen, die dem Personal alle Kräfte abfordern, fallen dem Publikum nicht auf. Ende der zwanziger Jahre wurde der D 66 von Berlin nach Kiel mit einer P 8 gefahren. Es ist schon eine Leistung, wenn der Heizer bei dieser Fahrt innerhalb von sechs Stunden über 5 t Kohle verfeuert, bei ungünstiger Witterung konnten es auch 6 t werden. Wenn gegen Ende der Fahrt das Feuer zu verschlacken beginnt und der Dampfdruck sinkt, dann ist es aus mit der Gemütlichkeit. Versuchen Sie einmal, auf der schwankenden und rüttelnden Maschine auch nur eine einzige Schaufel voll Kohle an die richtige Stelle zu bringen. Dabei sollen Sie die Kohlen mit dem Spritzschlauch nässen, damit es nicht so staubt, den Führerstand rein von danebengefallenen Stückchen halten, größere Brocken mit dem Hammer zertrümmern, die Speisepumpe bedienen, auf den Kesseldruck achten und endlich den Lokführer bei der Signalbeobachtung unterstützen. Und das sechs Stunden lang, von Berlin bis Kiel. Das war eine Leistung, damals. Wer spricht schon gern von Fahrten, die als Plunderfuhren bezeichnet werden. Wenn durch schlechte Kohle, durch den Zustand der Maschine oder auch durch ein Versehen des Heizers Dampfmangel eintrat. Dann war harte Arbeit von Führer und Heizer notwendig, um einigermaßen planmäßig ans Ziel zu kommen. Aber bei der P 8 waren solche Fälle doch verhältnismäßig selten, andere Bauarten bereiteten viel mehr Kummer.

Brennstoffverbrauch und Laufleistungen

Wenn man über eine Lokomotive berichtet, sollte man sich nicht mit der Feststellung begnügen, sie habe sich sehr bewährt, sondern man muß dies auch statistisch untermauern. Den Techniker interessiert vor allem, was kosten die Maschinen an Brennstoffen und Unterhaltung. Um die Jahrhundertwende betrachtete man nur den Kohlenverbrauch. Arbeitskräfte waren billig und reichlich vorhanden. Werkstoffkosten spielten eine untergeordnete Rolle. Im Laufe der Zeit wurde die Kostenermittlung erweitert und verfeinert. Die Reichsbahn, die public relations damals noch nicht kannte, betrachtete diese Wirtschaftszahlen als intern und geheim, selbst für einen Eisenbahner war es sehr schwer, sich einen Überblick zu verschaffen, weil man an das Material außerhalb der eigenen Dienststelle kaum herankam. Immerhin ist im amtlichen Jubiläumswerk der Deutschen Reichsbahn vom Jahre 1935 „Hundert Jahre Deutsche Eisenbahnen" auf Seite 151 eine Tabelle veröffentlicht, die wir hier im Auszug betrachten wollen.

Diese Werte sind amtliche Angaben und dürfen als richtig unterstellt werden. Erinnern wir uns, daß Garbe uns im Jahre 1910 den Wert 1,798 kg/PS und Stunde angegeben hat, so erkennen wir, daß durch den Vorwärmer und vergrößerten Überhitzer der Wert auf 1,42 kg/PS und Stunde verbessert werden konnte. Wir erkennen ferner, daß bei einer Geschwindigkeit von 100 km/h die Werte für die ersten drei Bauarten wenig voneinander abweichen, während die Einheitslok erheblich besser abschneidet. Bei 80 km/h stehen die Vierzylinder-Verbundloks besser da, aber für diese niedrigere Geschwindigkeit sind Schnellzugloks mit fast zwei Meter Treibraddurchmesser weniger geeignet, weil wegen des schwereren Anfahrens betriebliche Schwierigkeiten entstehen. (Einhalten der Fahrzeiten.)

Es sei noch gesagt, daß man für 100 Kilometer Kohlenverbräuche von 1,1 bis 1,5 t je nach Belastung der Lok bei der P 8 rechnete. Für die statistische Leistung Zuglast mal Kilometer, ausgedrückt in Lokleistungstonnenkilometer, rechnete man 30 bis 40 t für eine Million. Fahrten mit geringer Zuglast bringen niedrige Werte für 100 Kilometer, aber hohe für die

Jahr	effektiver Kohlenverbrauch kg/PS$_e$ und Stunde Hu = 7000 Kalorien	Geschwindigkeit km/h	Lokbauart
1914	1,24 1,42	80 100	P 8 mit Speisewasser-Vorwärmer
1914	1,18 1,44	80 100	S 10^1 S 10^1
1923	1,17 1,46	80 100	S 3/6 S 3/6
1925	1,17 1,27	80 100	Einheitslok BR 01 Einheitslok BR 01

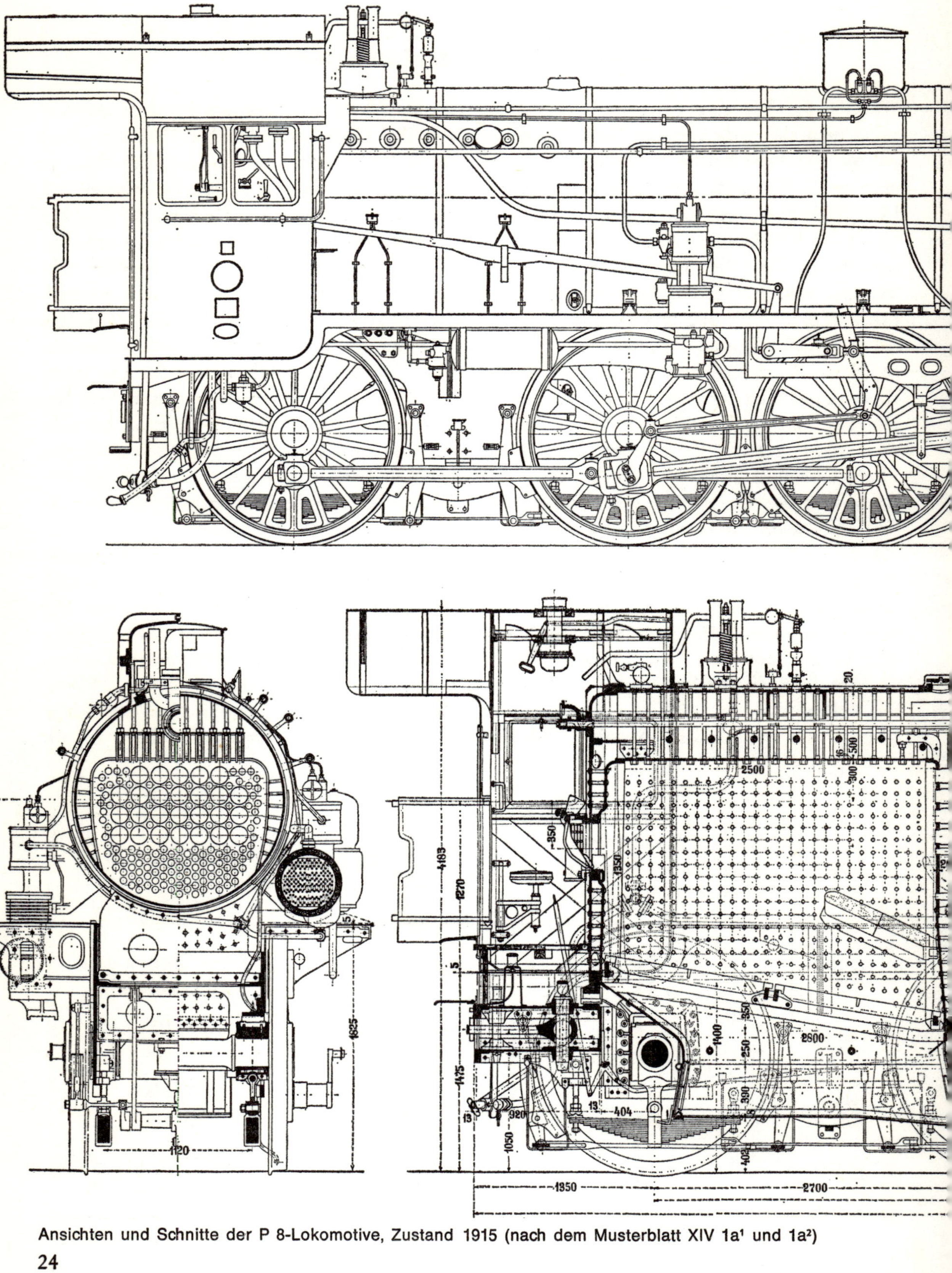

Ansichten und Schnitte der P 8-Lokomotive, Zustand 1915 (nach dem Musterblatt XIV 1a[1] und 1a[2])

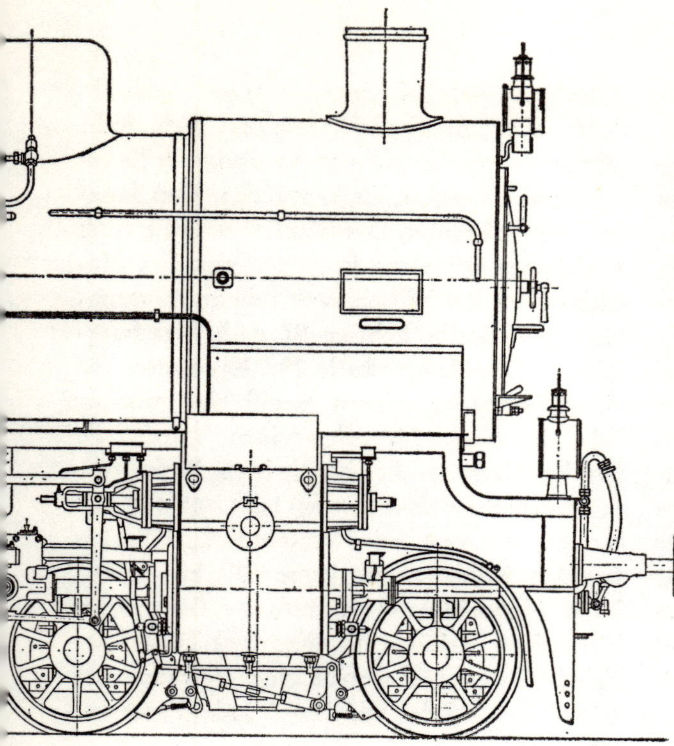

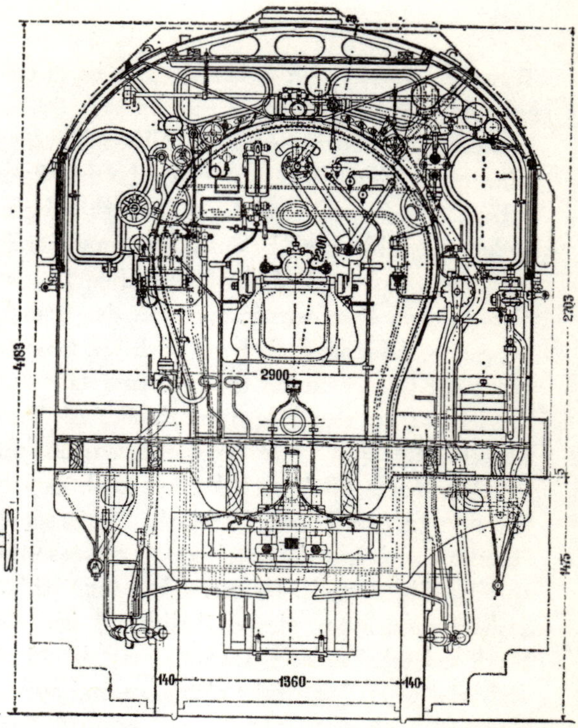
2900
1360
140
140
4183
2703
1475

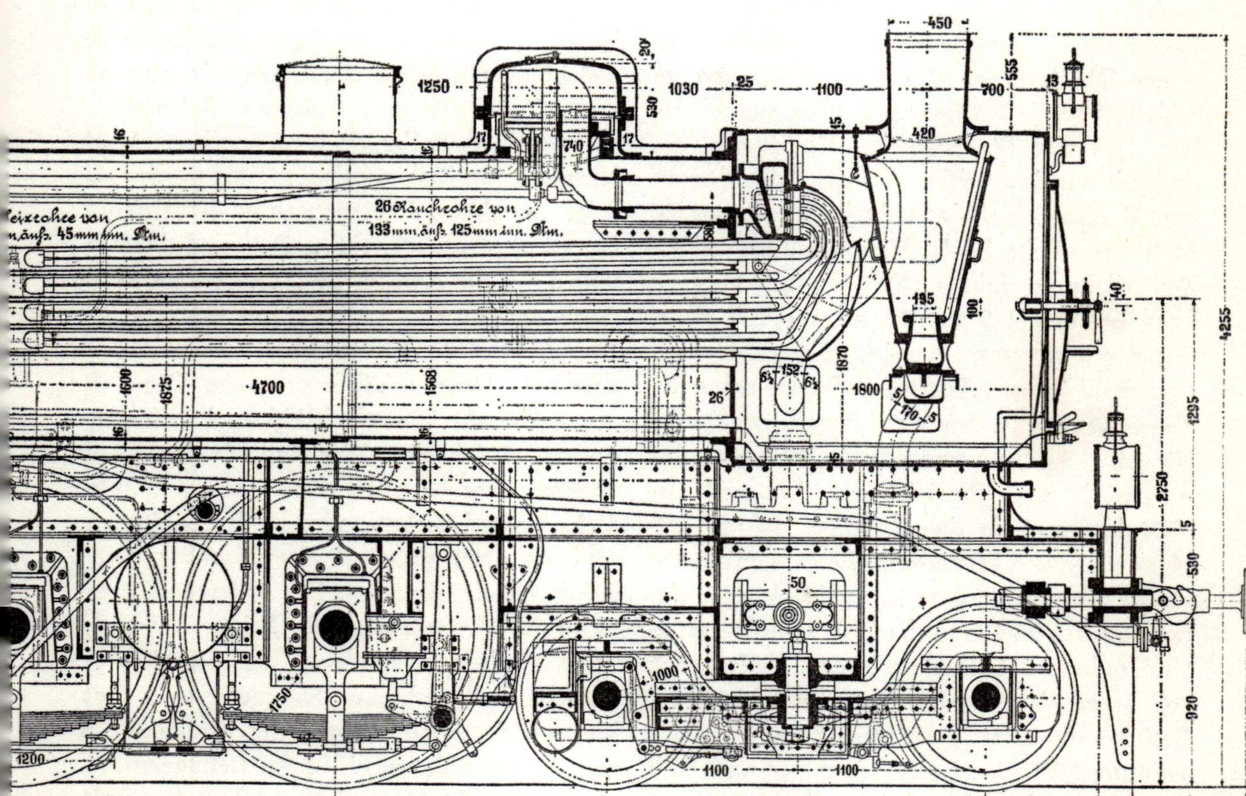
26 Rauchrohre von
133 mm äuß. 125 mm inn. Dm.
4700
1250
1030
1100
450
420
1880
8350
11202
1570
2200
652
200
650
4255
2750
1295
530
920
1050

Tonnenkilometer. Bei hoher Zuglast ist es umgekehrt, höhere Kohlenverbräuche auf 100 Kilometer und niedrigere auf 1 Million Tonnenkilometer. Man muß also stets beide Werte haben, wenn man zwei Lokomotiven miteinander vergleichen will. Voraussetzung hierfür ist ferner, daß beide Loks im gleichen Dienstplan fahren. Dies wurde auch bei der Berechnung der Kohlenprämie berücksichtigt. Hierbei setzte die Direktion für jeden Dienstplan eines Betriebswerkes den Normverbrauch nach Tonnenkilometer fest. Alle Lokomotiven, die unter der Norm blieben, bekamen nach meiner Erinnerung pro Tonne 20 Mark. Die ersparte Summe wurde auf die beteiligten Lokpersonale anteilmäßig verteilt. Es war schon eine schöne Sache, wenn man vierteljährlich 70 bis 150 Mark nebenbei erhielt. Damals war die Mark noch viel wert! Man fuhr also gern mal außerplanmäßig einen Güterzug und brachte Tonnenkilometer ein, so eine Fahrt wirkte sich immer günstig auf die Prämie aus. Mußte man wegen Überlast eine Vorspannlok nehmen, so erhielt diese die Hälfte der Zuglast zugeschrieben. Das war für beide ein Verlustgeschäft, dadurch wurde erreicht, daß die Anforderung von Vorspann auf das unbedingt notwendige Maß beschränkt blieb. Man versuchte seinen Zug allein zu fahren. Der Wasserverbrauch kann bei der P 8 mit 12 m^3 auf 100 Kilometer angenommen werden. Darunter wird man wohl kaum gekommen sein, bei schweren Zügen kann er auch etwas höher liegen.

Für die Ausbesserungskosten im Ausbesserungswerk und Betriebswerk, bezogen auf 1000 km, war in den dreißiger Jahren 150 Mark ein guter Mittelwert. Er schwankte natürlich mit der Ausnutzung und Belastung der Lok und ist im Laufe der Zeit ständig gestiegen. Im letzten Jahrzehnt, in dem die P 8 noch voll unterhalten wurde, waren 600 Mark für 1000 km ein guter Wert. Die letzten P 8 dürften unter 1000 DM kaum gekommen sein, weil sie ja nur noch geringe Leistungen hatten.

Man nannte die P 8 früher „Mädchen für Alles", in einer Zeit, wo es so etwas noch gab. Solch ein „Arbeitstier" entfernt sich nicht allzuweit von der Heimat. So sind auch Langstreckenläufe kaum zu vermelden. Den längsten mir bekannten Durchlauf von Berlin nach Kiel haben wir schon kennengelernt. P 8-Maschinen des Bw Wittenberge fuhren Personenzüge von Berlin Lehrter Bf nach Hamburg-Altona ohne Lokwechsel. 297 Kilometer, für einen Personenzugdienst gewiß eine ansehnliche Leistung. Im allgemeinen wurde die 250 km-Grenze nicht überschritten. Wenn man einen Kohlenverbrauch von 1,3 t auf 100 Kilometer annimmt, wird verständlich, daß man mit 5 t Kohlenvorrat keine 600 km fahren kann. Planmäßige Durchläufe von Berlin nach Königsberg gehören demnach ins Reich der Fabel. Garbe hat einmal eine Versuchsfahrt organisiert, bei der mit zwei Tendern gearbeitet wurde.

Langstreckenläufe waren bei dem Personal nie beliebt, denn das Hervorholen der Kohle aus den hintersten Ecken des Tenders ist eine unangenehme Sache und zusätzliche Belastung.

Viel eindrucksvoller sind die täglichen Laufleistungen der Lokomotiven. Diese werden wie folgt berechnet: Die monatliche Laufleistung einer Lokgattung in einem Bw wird durch 30 und durch die Anzahl der Loks geteilt. Die im Ausbesserungswerk, in Bw-Ausbesserung stehenden und die kalten Lokomotiven zählen also mit. Dann erhält man einen Wert, der etwas über die Wirtschaftlichkeit des Einsatzes aussagt. 250 km pro Tag sind für die P 8 ein angemessenes Ergebnis. Hat ein Bw zu viele Loks in Ausbesserung oder ist der Lokbestand zu hoch, dann wirkt sich das sofort in der täglichen Laufleistung aus. Ein anderer wichtiger Wert ist die störungsfreie Leistung. Hierbei wird direktionsweise und vierteljährlich die Anzahl der gefahrenen Kilometer einer Lokgattung durch die Anzahl der für diese notwendig gewordenen Hilfslokgestellungen dividiert. Als die Dampfloks noch voll in den Werken unterhalten wurden, war hierbei der

Wert „unendlich“ durchaus möglich, mit dem Auslaufen der P 8 sank er auf 120 000 herab. Das bedeutete auf 120 000 Kilometer entfällt eine Panne, die zum Liegenbleiben führt.
Interessant ist auch die folgende Statistik, die die 1939 vorhandenen P 8 nach ihrem Alter aufteilt:

Baujahr	Stück	Baujahr	Stück
1906	—	1917	171
1907	2	1918	212
1908	17	1919	309
1909	10	1920	310
1910	18	1921	575
1911	54	1922	318
1912	58	1923	48
1913	155	1924	4
1914	126	1925	—
1915	98	1926	1[1])
1916	190	1927	4[2])
	Summe:	2680	

[1]) Fehler in der Statistik. 1926 wurde keine Lok angeliefert.
[2]) 4 Stück von der AEG im Jahre 1923 auf Vorrat ohne Bestellung gebaut und erst 1927 von der Reichsbahn übernommen: 38 4048 bis 4051. — Von den 1925 umgenummerten Lokomotiven waren 276 ausgemustert. 18 Loks wurden 1927 nach Rumänien verkauft.

Zwilling oder Vierzylinder-Verbund?

Die P 8 hat bewiesen, daß es sehr wohl möglich war, eine für Personen- und Güterzüge geeignete Lok mit rund 1000 PS als Zwillingslok wirtschaftlich zu betreiben. Wenn das Zentralamt in Berlin sich auch in Mehrzylinderloks versucht hat, so kam man im Lauf der Jahre doch zu der Überzeugung, daß eine Zwillingslok die wirtschaftlichste Bauart sei. Nur, wo man wegen der geforderten Zugkräfte mit zwei Zylindern nicht auskam, griff man, wie bei der G 12 und P 10 zur Dreizylinderlok, der man wegen der gleichförmigen Anzugsmomente den Vorzug vor der Vierzylindermaschine gab. Das Zentralamt stellt im Vorwort zur Baubeschreibung der 03-Lok fest, daß eine Vierzylinder-Verbundlok nur dann Ersparnisse bringt, wenn sie dauernd mit der Höchstleistung gefahren wird. Das kommt im praktischen Betrieb nicht vor, mithin bringt die Verbundlok auch keinen Vorteil.
Seit 1900 ist der Streit um den Vorteil der Vierzylinder-Verbundlok nicht zur Ruhe gekommen. Dabei wurde immer nur von der wärmewirtschaftlichen Seite gesprochen. Man legte dar, wieviel weniger Dampf pro PSi verbraucht würde und versuchte einen geringeren Kohlenverbrauch für die Verbundlok nachzuweisen. Das war alles schön und gut, solange die Arbeitslöhne niedrig waren. Mit der Zeit änderte sich das aber, die Personalkosten verschlangen einen erheblichen Teil der Betriebskosten. In den USA, in denen Arbeitskräfte schon immer teuer waren, und auch in England finden wir denn auch kaum Verbundlokomotiven. Es ist doch ein Unterschied, ob das Lokpersonal vor der Fahrt zwei oder vier Triebwerke untersuchen und abölen muß, von denen die Innentriebwerke schlecht zugänglich sind. Das gleiche gilt für die besonders wichtige Abschlußuntersuchung nach der Fahrt, weil Fehler bemerkt und zur Reparatur angemeldet werden müssen. Eine Stunde Arbeitszeit pro Schicht und Personal darf man wohl als Mehraufwand für die Verbundlok annehmen. Dieser Mehraufwand fiel kaum auf, weil damals die Vorbereitungs- und Abschlußzeiten reichlich bemessen waren. Anders wurde das, als betriebswirtschaftlich scharf gerechnet wurde. Dann wurden die Vorbereitungs- und Abschlußzeiten so gering, daß das Personal begann, die Mehrzylinderlok abzulehnen. Das ist aber nur die betriebliche Seite. Werkstattseitig müssen

die sogenannten Fristarbeiten ausgeführt werden. Man hat die Lager nachzuprüfen, Kolben und Schieber zu ziehen. Wer einmal gesehen hat, wie der Kolben eines noch dazu schräg liegenden Innenzylinders herausgezogen wird, wird einsehen, daß die Unterhaltung eines Innentriebwerkes Mehrkosten bringt, wenn dies auch von manchen auf Grund von Statistiken aus den fünfziger Jahren bestritten wird. Es ist dazu zu sagen, daß ab 1952 die Vierzylinder-Verbundloks nicht mehr voll unterhalten wurden. Lokomotiven, deren Ausbesserung zu teuer wurde, musterte man aus. Da müssen die noch voll unterhaltenen Einheitsloks Reihe 01 und 03 teurer werden! Es läßt sich gar nicht vermeiden, daß einmal ein Achslager der Kropfachse warm läuft. Dann muß die Achse gesenkt werden. Dann muß man nicht nur die Stangen der äußeren Triebwerke abbauen, sondern auch die Treibstangen der inneren lösen und wegschieben, damit man die Achse nach unten ausfahren und das Lager ausbauen und auseinandernehmen kann. Wer nur etwas Phantasie hat, wird sich vorstellen können, was das für eine umständliche und schmutzige Arbeit ist.

Die Kohlenersparnis allein ist also nicht maßgebend. Es ist eine geschichtliche Tatsache, daß die S 3/6, Reihe 18^6 mit kaum zehn Jahre alten Neubaukesseln in Ulm der wesentlich älteren 03 weichen mußten. Man konnte mit der 03 billiger fahren, auch lehnte das Personal nunmehr die Mehrzylindermaschine ab.

Ein weiterer Punkt ist bislang in der Diskussion noch nie beleuchtet worden. Eine Lokomotive erbringt ihre wirtschaftliche Leistung nur in einem ganz bestimmten Leistungsbereich. Der Fachmann spricht von einer „günstigsten Leistung“, die bei der „günstigsten Geschwindigkeit“ und „günstigsten Zugkraft“ erreicht wird.

Den Verbundlokomotiven ist eigentümlich, daß sich diese Werte in sehr engen Grenzen halten, die Zwillingslok ist viel unempfindlicher. Man ist also im Einsatz der Verbundloks beengt. Man kann nicht morgens mit einem Schnellzug von 300 t nach A fahren, mittags mit einem Güterzug zurückkommen und abends mit einem Personenzug wieder nach A fahren, um den Gegenzug des D-Zuges vom Morgen abzuholen. Die Lok bleibt in A neun bis zehn Stunden stehen, weil kein passender Zug vorhanden ist, und eine stehende Lok kostet Geld, aber verdient nichts. Mit einer Zwillingslok ist man also beweglicher. Dieser betriebswirtschaftliche Grund war mit die Ursache für das vorzeitige Verschwinden der Vierzylinder-Verbundloks.

Man sollte sich nicht nach den französischen Verbundloks von Chapelon sehnen. Der Betrieb hätte keine Freude daran gehabt.

Unsere P 8-Loks haben sie aber alle gern gefahren, seien es Franzosen, Belgier, Polen, Italiener, Griechen und Rumänen. Wie diese zur P 8 kamen, das erzählt das nächste Kapitel.

P 8-Loks im Ausland

Auf Grund des Waffenstillstandsvertrages und der Bedingungen des Versailler Vertrages mußten 1919/1920 mehrere tausend Lokomotiven an die Entente ausgeliefert werden. Die Presse hatte damals von diesen Abgaben wohl berichtet, es aber so dargestellt, als ob die Loks dann verschrottet würden. Das stimmte nur zum Teil, die älteren Lokomotiven wurden zwar innerhalb kurzer Zeit ausgemustert, die preußischen Heißdampflokomotiven blieben aber lange Jahre im Dienst. Lebendig wurde die Angelegenheit für mich, als unser Direktor mit seinen Primanern eine Studienreise nach Frankreich unternahm. Man schrieb das Jahr

1928. In Rouen sah ich auf den Gleisen der Staatsbahn eine P 8, die noch die alten Formen von 1914 aufwies. Auch auf dem Nordbahnhof in Paris entdeckte ich eine P 8, bei der der Führer seinen Standplatz auf der linken Seite hatte und die mit einem dreiachsigen Tender gekuppelt war. Ein Nachmittag wurde uns zur eigenen Verfügung freigegeben. Ich fragte mich zum Service du Matériel et de la Traction der Nordbahn durch, wurde von einem Herrn de Caso empfangen, einem Assistenten des Chefingenieurs. Er sagte mir, daß die Nordbahn 75 P 8-Loks mit den Nummern 3.1601 bis 3.1675 besitze, mit denen man sehr zufrieden sei. Man benutze sie für Personen- und schnelle Güterzüge. Für Expreß-Züge seien sie nicht zu gebrauchen, weil sie nur schwer auf eine Geschwindigkeit von über 100 km/h zu bringen seien. Es ergab sich die Gelegenheit, flüchtig auf das Lokomotivverzeichnis zu schauen. Es trug die Bezeichnung État Général des Machines Locomotives et des Tenders. Die Abgabe eines Druckstückes wurde höflich mit der Begründung abgelehnt, daß leider kein überzähliges Exemplar verfügbar sei. Noch schlechter erging es mir dann bei der Staatsbahn in der Rue de Rome, wo man mich glatt abwies, mit der Begründung, daß die Hefte vertraulich seien. Ein Jahr später besaß ich aber doch ein solches Verzeichnis.

Die Eisenbahnen in Elsaß-Lothringen, bis 1938 als selbständige Staatsbahnen betrieben, hatten 1919 auch fünfundzwanzig P 8 mit den Nummern 2350 bis 2374 bekommen, während in der deutschen Zeit keine P 8 auf dem Netz liefen. Die Ostbahn erhielt ebenfalls fünfundzwanzig P 8, die die Nummern 3311 bis 3335 erhielten. Zur Südbahn kamen weitere zwanzig Loks.

Nach Belgien wurden einhundertundachtundsechzig P 8 ausgeliefert und erhielten 1924 die Nummern 6400 bis 6567. Bis dahin fuhren sie mit ihren alten, preußischen Nummern, wurden dann als Type 64 bezeichnet. Bis um 1930 liefen die belgischen P 8 noch mit dem Knorr-Vorwärmer, dann wurde teilweise ein Abdampfinjektor englischer Herkunft oder ein französischer Mischvorwärmer angebracht. Der französische Vorwärmer gab den Lokomotiven durch die beiden auf dem Kessel liegenden Mischbehälter ein unschönes Aussehen. Die Belgier hatten auch die Tenderbrücke im Führerstand entfernt und durch in den Tender ragende Holzbohlen ersetzt. Diese Anordnung sollte unfallsicherer sein, schön war sie aber nicht, weil die Bewegungen des Tenders sich auf den Fußboden übertrugen. Auffällig waren die an beiden Seiten des Stehkessels angebrachten Dampfbläser zum Ausblasen der Rauch- und Heizrohre. Die Einrichtung konnte aber nur im Stillstand von den Umläufen aus betätigt werden. Ob sie viel Erfolg hatten, möchte ich bezweifeln.

Interessant ist ferner, daß die P 8 in Elsaß-Lothringen teilweise mit einem dreiachsigen preußischen Güterzugtender gekuppelt wurden und bis nach dem Krieg so gelaufen sind.

Weitere P 8 gingen als Reparationsloks nach Italien, Griechenland, Rumänien und nach Polen. Die Rumänen ließen sie um 1926 in Deutschland, zum Teil mit Ölfeuerung nachbauen und kauften achtzehn P 8 von der Reichsbahn an. Es wird angenommen, daß der Bestand in Rumänien um die 350 Stück beträgt. In Polen erhielt unsere Maschine die Bezeichnung Ok 1. Auch die Polen waren mit ihr so zufrieden, daß sie 1922 weiter Maschinen bei Schwartzkopff und Linke-Hofmann nachbestellten. Es ist noch zu bemerken, daß die 1939 und später erbeuteten polnischen P 8 in den Nummernplan der Reichsbahn eingereiht wurden und dabei Nummern bereits ausgemusterter Lokomotiven erhielten. Einige dieser Loks blieben auch nach dem Kriege bei uns. So ist die 38 3887 z. B. die alte Ok 1—216, die Schwartzkopff für Polen 1922 gebaut hat.

Im Jahre 1940 brachten die Kriegsereignisse mich nach Belgien, wo ich im Bezirk der Hauptverkehrsdirektion bis 1944 blieb. Ich lernte nun die preußischen Waffenstillstandslokomotiven, in Belgien Armistices genannt, aus der Nähe kennen und richtete im Depot Brügge einen Umlaufplan mit vier P 8 ein. Wir fuhren nach Brüssel-Nord, Kortrijk und Hazebrouk in Frankreich. Aber das dauerte nicht lange, denn die ehemals preußischen Lokomotiven mußten ab Ende 1940 als sogenannte Leihloks ins Reich zurückgeführt werden. So wurden alle P 8 bis auf eine, 6408, die ausmusterungsreif war, aus Belgien abgezogen. Das gleiche geschah mit den fünfundsiebzig Lokomotiven der französischen Nordregion, die inzwischen mit den neuen Nummern SNCF [2] 230 C 1 bis 75 versehen waren. Die Ost-Region gab sechs Loks aus der Reihe SNCF [1] 230 F 311—374 ab, der Rest blieb in Elsaß-Lothringen. Von der Süd-West-Region kamen die SNCF [4] 230 H 701 bis 720, während die West-Region die letzte vorhandene Lok aus der Reihe SNCF [3] 230 E 943 bis 959 absenden mußte. Bilder und Notizen über den Einsatz dieser Maschinen bei der Deutschen Reichsbahn sind kaum bekannt. Ich war 1943/44 Vorsteher des Betriebswerkes, das die Überführung der Lokomotiven zur Ausbesserung ins belgische Ausbesserungswerk Mecheln und zurück ins Reich zu regeln hatte. Ich habe daher nach meinen alten Aufzeichnungen die Abgabeliste der belgischen und französischen Nordbahn-P 8 zusammengestellt. Leider sind die Angaben nicht lückenlos, da die Tagebücher Ostern 1944 durch einen Luftangriff vernichtet wurden. Die Leihlokomotiven behielten bei der Reichsbahn ihre ausländische Nummer. Es sind aber doch unautorisierte Umnummerungen vorgenommen worden. Dadurch wurde eine Nummer doppelt belegt, was bei der Lokzählung 1944 dann zutage kam. Folgende Fälle sind bekannt:

38 2355 Umzeichnung der elsaß-lothringer Lok 2355

38 2361 Umzeichnung der elsaß-lothringer Lok 2361

38 3318 Umzeichnung der Ostbahnlok 3318, die in 230 F 318 umzuzeichnen war

38 3320 Umzeichnung der Ostbahnlok 3320, die in 230 F 320 umzuzeichnen war.

Es sind aber noch andere Nummernveränderungen, deren Ursprung nicht mehr zu klären ist, vorgenommen worden.

Die West-P 8, wie wir diese Loks nun mal nennen wollen, wurden alle bei den westlichen Reichsbahndirektionen eingesetzt. 1942 wurde ein Teil der belgischen Lokomotiven an die mitteldeutschen Direktionen Halle und Stettin abgegeben. Diese sind nach Kriegsende nicht nach Belgien zurückgekehrt. Von den fünfundsiebzig Nord-Lokomotiven kamen sechsundsechzig zurück, von den einhundertsiebenundsechzig Belgiern einhundertdreiunddreißig. Von den 230 E, 230 F und 230 H erreichten sechzig Stück wieder französisches Gebiet. Um es vorwegzunehmen, vier Reichsbahnloks blieben 1945 in Frankreich, es waren die Nrn. 38 3800, 38 3607, 38 2141 und 38 3094, die in 230 F 600, 607, 641 und 694 umgenummert wurden. Um 1962 wurde die letzte P 8 in Frankreich ausgemustert. Die Nordbahnlok 230 C 46 stand um diese Zeit aufgeschnitten als Lehrmodell in der Werkstatt La Délivrance. 1965 war auch in Belgien keine P 8 mehr zu sehen.

In Italien waren nach dem Ersten Weltkrieg fünfundzwanzig P 8, die die FS-Nummern 675.001 bis 025 erhielten. Mir ist nicht bekannt, was aus diesen Maschinen geworden ist. In Griechenland waren zehn P 8-Lokomotiven, die dort anscheinend mit den alten Nummern gefahren sind. Was in Polen an P 8 vorhanden war, wissen wir nur aus dem schon erwähnten Umzeichnungsplan von 1941. Die P 8 wurden also in bereits vorhandene Lücken eingenummert, wobei beileibe nicht alle Lükken aufgefüllt wurden. Es wurden nur die Nummern besetzt, bei denen das Zentralamt die erste Lok ausgemustert hatte. Die süddeutschen Direktionen musterten ihre Lokomotiven aber ohne Mitwirkung des Zentralamtes aus, so daß man dort hierüber nicht unterrichtet war. Die freien Nummern 38 1001 bis 1004 wurden so nicht besetzt. Eine zentrale Lok-

kartei hat es ja nie gegeben. Die letzten polnischen Maschinen erhielten die Nummern 38 3876 bis 38 3906. Die Polen haben übrigens eine verstärkte P 8 gebaut und in größerer Stückzahl als Ok 22 in Dienst gestellt.
Auch im Baltikum waren P 8 vorhanden, über die aber nichts weiter bekannt ist.
Erwähnt müssen auch noch die drei P 8 werden, die nach 1945 in Dänemark blieben und dort als Litra T mit den Nummern 297 bis 299 bezeichnet wurden.
Auch in Österreich verblieben P 8-Lokomotiven, die dort in Reihe 638 umgezeichnet wurden und noch abgefahren werden sollten. Die letzten waren in Wels beheimatet.

Die P 8 in Notzeiten

Bei Kriegsausbruch im September 1939 war die Auslieferung von Neubauten der Reihe 50 gerade angelaufen. Militärtransporte nach Ost und West wurden in der Hauptsache mit P 8- und G 10-Maschinen gefahren. Ein Militärzug war in der Regel 800 t schwer und bei einer Geschwindigkeit von 55 km/h in Norddeutschland ohne weiteres mit einer P 8 zu befördern.
Im Mai 1940 fuhren die P 8 weit nach Frankreich hinein, wobei sich wieder die alte Schwierigkeit ergab, daß infolge des niedrigeren französischen Streckenprofils die Schornsteinaufsätze an Brücken und Tunneleinfahrten anstießen, wie es schon im Ersten Weltkrieg geschah. Keine der in westlichen Ländern laufenden Waffenstillstandsloks hatte die Schornsteinaufsätze behalten, aber unsere amtlichen Stellen wußten das nicht, und so mußten die Erfahrungen noch einmal gemacht werden. Nach dem Waffenstillstand mit Frankreich wurden die Reichsbahnlokomotiven aus Frankreich, Belgien und Holland zurückgezogen. Da, wie wir schon wissen, die ehemals deutschen P 8 als Leihloks ins Reich gingen, war der Westen seit 1942 von P 8 praktisch entblößt.
Anders sah es im Osten aus. Mit dem Vormarsch tief in das russische Land entstanden lange Transportwege, für die nicht genügend Lokomotiven vorhanden waren. So mußte eine große Anzahl P 8-Loks im Osten eingesetzt werden. Es ist unmöglich, darüber Zahlen anzugeben. Bekannt sind die Schwierigkeiten, die man im strengen russischen Winter mit den Maschinen hatte. Durch Abbau der Vorwärmeranlage und Verkleidung der Luftpumpe und der Kesselspeisewasserventile wurden sie etwas frostsicherer gemacht. Der Abdampf der Luftpumpe und der Lichtmaschine wurde nun direkt ins Freie gelassen. Man erkannte die für den Osteinsatz bestimmten Lokomotiven sofort an dem knallenden Geräusch des Luftpumpenabdampfes. Nach Auslieferung der Kriegsloks Reihe 52 wurden viele P 8 aus dem Osten zurückgenommen. Sie erhielten aber zunächst keine Vorwärmer wieder, da das Material und die Arbeitskräfte fehlten. Es ist nicht bekannt, wie viele P 8-Loks durch Mineneinwirkung beschädigt ausgemustert werden mußten. Die Zahl der Loks, die durch direkte Kriegseinwirkung zurückgelassen wurde, scheint nicht sehr hoch gewesen zu sein. Bei der Lokzählung im Dezember 1944 fehlten nur folgende Loks, deren Verbleib unbekannt war:
38 1128, 1237, 1545, 1565, 1637, 1719, 1940, 2010, 2108, 2421, 2442, 2508, 2542, 2597, 2714, 2758, 2859, 2980, 2997, 3626, 3666, 3714, 3721 und 3900.
Vorstehende Loks sind auch später nicht im Bereich der DB aufgetaucht.
Ein Teil der Ost-P 8 hatte grau-gelb-grünen Tarnanstrich erhalten und war mit Panzerplatten an den Führerhausseitenwänden versehen.

Der Krieg näherte sich seinem Ende, der Zusammenbruch zeichnete sich ab. Im Februar 1945 kam ich nach Mecklenburg. Auf allen geeigneten Bahnhöfen waren Lokzüge mit aus dem Osten zurückgeführten Lokomotiven abgestellt. P 8-Maschinen befanden sich nicht darunter. Diese hatten die Betriebswerke schon ausgesondert und im eigenen Gelände abgestellt. Mitte März wurden in Mecklenburg die Einheitsloks Baureihe 03 außer Betrieb gesetzt. Da die Kohlenreviere bereits vom Feind besetzt waren, standen nur noch Braunkohlenbriketts aus Senftenberg zur Verfügung. Es erwies sich, daß eine P 8 auch mit Braunkohle noch einigermaßen Dampf machte, wenn auch ein wahrer Funkenregen dem Schornstein entwich. So sind die D-Züge D11/D12 Rostock — Berlin und zurück bis Mitte April planmäßig mit P 8 befördert worden. Mit der Einkreisung Berlins war auch das vorbei, der letzte Zug verkehrte nur bis Löwenberg. Er dürfte der letzte Schnellzug des alten Reiches gewesen sein.

Dann kam die Kapitulation. Im Juli wurde in Mecklenburg ein kümmerlicher Reisezugbetrieb aufgenommen. In Neustrelitz wurde von der Besatzungsmacht die Lok 38 1505 freigegeben. Es wurde nun ein Personenzug von Neustrelitz über die alte Friedrich-Wilhelm-Eisenbahn und die Prignitzer Eisenbahn nach Wittenberge gefahren. Nachmittags Abfahrt von Neustrelitz und am nächsten Morgen von Wittenberge zurück. Die Lok mußte mit Holz gefeuert werden. Dafür wurden tagsüber in Neustrelitz Schwellen, Telegrafenmaste und anderes Holz zerkleinert, womit die Lok dann in der Mittagszeit beladen wurde. Die Geschwindigkeit durfte 60 km/h auf dieser Strecke nicht überschreiten. Die Lok machte auch mit Holz genügend Dampf. Dieses Zugpaar ist mehrere Wochen mit für die Verhältnisse erstaunlicher Pünktlichkeit gefahren. In Wittenberge mußte das Personal auf der Lok übernachten, damit diese nicht verschwand! Zwischen Berlin und Neustrelitz wurde ein ähnlicher Verkehr mit der Lok 38 3465 des Bw Gesundbrunnen eröffnet. Morgens gegen 8 Uhr ab Berlin und gegen 15.00 Uhr ab Neustrelitz, abends wieder in Berlin. Also zwölf Stunden für 200 km Strecke. Die Berliner fuhren mit Braunkohlenbriketts. In ähnlicher Weise wird der Verkehr sich an anderen Stellen abgespielt haben.

Die P 8 bewährte sich bei diesen traurigen Fahrten vorzüglich. Mochten Stehbolzen lekken, Heizrohre undicht oder Zylinderringe verschlissen sein, man konnte immer noch langsam vorwärts kommen. Damals hieß es ja: Schlecht gefahren ist immer noch besser als zu Fuß auf der Landstraße. In solchen Notzeiten zeigte sich erst, was eine einfach gebaute Dampflokomotive wert war.

Die Veteranen

Bei einer Stückzahl von über 3800 Maschinen kann man nicht jede Lok einzeln aufführen. Das würde eine viel zu lange und für viele auch langweilige Liste ergeben. Stellvertretend wollen wir daher nur die Loks der ersten drei Lieferungen listenmäßig darstellen.

Vertrag	F.-Nr.	Lieferer	Jahr	Betriebs-nummer		Nummer der Reichsbahn oder der Nachfolgebahn
A I 324	3616	Schwartzkopff	1906	Coeln	2401	38 1001
	3617	Schwartzkopff	1906	Coeln	2402	Belgien 6402
	3618	Schwartzkopff	1906	Coeln	2403	38 1002
	3619	Schwartzkopff	1906	Coeln	2404	38 1003
	3620	Schwartzkopff	1906	Elbfd	2401	38 1004
	3621	Schwartzkopff	1906	Elbfd	2402	38 1005
	3622	Schwartzkopff	1906	Elbfd	2403	38 1006
	3623	Schwartzkopff	1906	Elbfd	2404	38 1007
	3624	Schwartzkopff	1906	Elbfd	2405	38 1008
	3625	Schwartzkopff	1906	Elbfd	2406	Belgien 6406
A I 417	2346	Vulcan-Werke	1907	Könbg	2401	Kriegsverlust
	2347	Vulcan-Werke	1907	Könbg	2402	Frankreich Nord 3.1675
	2348	Vulcan-Werke	1907	Könbg	2403	38 1009
	2349	Vulcan-Werke	1907	Könbg	2404	38 1010
	2350	Vulcan-Werke	1907	Könbg	2405	Belgien 6534
	2351	Vulcan-Werke	1907	Könbg	2406	38 1011
	2352	Vulcan-Werke	1907	Könbg	2407	Kriegsverlust
A I 411	6397	A. Borsig	1908	Könbg	2408	38 1012
	6398	A. Borsig	1908	Könbg	2409	38 1013
	6399	A. Borsig	1908	Könbg	2410	38 1014
	6400	A. Borsig	1908	Könbg	2411	Polen Ok 1—9, 38 1022^{II}
	6401	A. Borsig	1908	Könbg	2412	38 1015
	6402	A. Borsig	1908	Bresl	2408	38 1016
	6403	A. Borsig	1908	Bresl	2409	38 1017
	6404	A. Borsig	1908	Bresl	2410	38 1018
	6405	A. Borsig	1908	Bresl	2411	Polen Ok 1—10, 38 1025^{II}
	6406	A. Borsig	1908	Mgdbg	2401	38 1019
	6407	A. Borsig	1908	Mgdbg	2402	38 1020
	6408	A. Borsig	1908	Mgdbg	2403	
	6409	A. Borsig	1908	Mgdbg	2404	Polen Ok 1—6, 38 1019^{II}
	6410	A. Borsig	1908	Mgdbg	2405	38 1022
	6411	A. Borsig	1908	Mgdbg	2406	Kriegsverlust

Von den durch die Reichsbahn umgezeichneten Lokomotiven wurden die Nummern 38 1001, 1002, 1004 im Jahre 1927, 38 1003, 1007, 1010, 1012 und 1015 im Jahre 1928 ausgemustert. 1930/31 folgten 38 1008, 1011, 1018, während 38 1019, 1020 und 1022 im Jahre 1932 außer Dienst gestellt wurden. Die 38 1005 verschwand 1933, so daß nur noch 38 1006, 1014, 1016 und 1017 im Dienst blieben. Bis zum Kriege wurden sie auch nicht mehr ausgemustert. Die 38 1006 gehörte zur Rbd Karlsruhe und war auf der Strecke Singen — Schaffhausen — Basel im Einsatz, 38 1016 gehörte zur Rbd Breslau, Bw Glogau und 38 1017 zur Rbd Stettin, Bw Neustettin. Die angeführten belgischen Lokomotiven 6402, 6406 und 6534 waren 1940 noch vorhanden und wurden als Leihloks ans Reich abgegeben. Die französische Lok Nord 3.1675, später 230 C 75, wurde ebenfalls nach Deutschland übergeführt und bei der Rbd Frankfurt/M eingesetzt, 1945 zurückgegeben und dann bis 1950 an die Luxemburger Eisenbahn (CFL) vermietet. Hier trug sie die Nummer 3910. Die drei polnischen Maschinen wurden 1941 umgezeichnet. Die 38 1019^{II} gehörte 1944 zum Bestand der Rbd Danzig. Weiteres ist nicht bekannt. Dagegen hat der Verfasser die 38 1016 am 3. März 1948 noch in Leipzig gesehen, sie gehörte zum Bw Leipzig Hbf Süd.

Bis Mitte 1955 war im Bw Lübeck noch die Lok 38 1028 vorhanden, die zur vierten Lieferung von Schwartzkopff, 1908, gehörte. Eine Lok aus der sechsten Lieferung, von Schwartzkopff 1909 mit Fabr.-Nr. 4250 gebaut, war noch im Jahre 1960 im Bw Flensburg im Einsatz (Nr. 38 1090).

Unter den Begriff Veteranen können aber auch die letzten noch vorhandenen Loks fallen. Während der Unterhaltungsbestand an P 8 bei der Bundesbahn im Jahre 1953 noch 1220 Stück betrug, war er 10 Jahre später bereits auf 432 Stück gefallen. Anfangs 1973 waren noch 3 P 8-Loks einsatzfähig.

Die Lokomotiven der DDR müssen gesondert betrachtet werden. Dort wurde an den Maschinen nicht viel verändert. Die Loks behielten die alten Windleitbleche und Rauchkammerverschlüsse, auch wurden keine neuen Luft- und Speisepumpen beschafft. Lediglich einige Loks wurden mit dem Giesl-Schornstein ausgerüstet, wovon die Bundesbahn trotz zu erwartender Ersparnis absah, weil man den Dampfbetrieb aufgeben wollte. Auch in Mitteldeutschland gibt es heute keine P 8 mehr. Über die Verhältnisse in den Ostblockstaaten ist wenig bekannt, doch werden in Polen und Rumänien P 8-Loks mit Sicherheit noch zu sehen sein.

Der Eisenbahnfreund und die P 8

Die „Fans“, um ein Wort aus dem Neudeutschen zu gebrauchen, hatten ursprünglich kein besonderes Verhältnis zu unserer Lok. Zur Zeit der Preußischen Staatsbahn gab es Eisenbahnfreunde im heutigen Sinne nicht. Die wenigen ernsthaften Liebhaber arbeiteten in der Stille, standen meist miteinander in Verbindung und widmeten der P 8 kein übermäßiges Interesse. Bei so großen Stückzahlen war das nicht weiter erstaunlich, solange es noch Raritäten aus dem vorigen Jahrhundert gab. Ja, man war empört, eine P 8 zu sehen, wenn der Zug mit einer selteneren Lok bespannt sein sollte. Mir passierte das einmal im Sommer 1939. Damals besaß das Bw Hamburg-Altona einige badische IV h-Lokomotiven, die auf der Schnellfahrstrecke nach Berlin eingesetzt werden sollten. Sie bewährten sich aber für diesen Dienst nicht und wurden daher für zweitrangige Eilzüge eingesetzt. So hatte das Bw Hamburg-Altona ein

Eilzugpaar von Altona über Hamburg Hbf nach Lübeck zu fahren. Der Zug kam am frühen Nachmittag nach Lübeck, die Lok hatte eine Kurzwendung von etwa einer halben Stunde. Eine Seltenheit damals, ein Zug von Altona nach Lübeck und mit einer badischen Schellzuglok bespannt. So hatte ich mich zur Fotoaufnahme an einer passenden Stelle bei Lübeck postiert, aber just an diesem Tag kam eine P 8. Vor Wut habe ich nicht abgedrückt!

Natürlich gab es immer einige Freunde, die sich für die preußischen Großserien interessierten und die kleinen Verschiedenheiten beobachteten und notierten. Da war unter anderem die Regenleiste über dem Führerhausfenster von Interesse! Durch die Kesseltausche konnte es zum Beispiel vorkommen, daß eine neuere Lok mit hoher Nummer einen Kessel von 1908 besaß, und umgekehrt eine Lok mit der alten Steuerung mit einem Kessel mit Speisedom vom Jahre 1922 fuhr. Variationen gab es schon. Nun, die meisten Beobachter hielten die P 8 für eine häßliche Lok, der man eine Bewährung nicht absprach, die aber nicht interessierte. Man sprach von Kopflastigkeit, von der Garbeschen Qualmröhre und hatte wer weiß was auszusetzen. Dabei sind Schönheit und Häßlichkeit relative Begriffe. Durch das Zusammenrücken der Achsen erreicht man, daß die Lok auf einer 16-Meter-Drehscheibe noch drehen konnte, und das Qualmen einer Lok beruht auf Luftmangel bei der Verbrennung und hat mit der Schornsteinform wenig zu tun. Nach Einführung des Speisewasservorwärmers mußte die Saugzuganlage geändert werden und damit verschwand der zylindrische Schornstein. Mit dem Verschwinden der Dampflok wächst nun das Interesse und die letzten P 8 des Bw Tübingen bilden eine nostalgische Attraktion.

Es gab ja P 8, die hatten eine sehr interessante Geschichte. So die 38 3874 vom Bw Neumünster. Diese Lok wurde 1911 von Schwartzkopff unter der Fabr.-Nr. 4572 an die Direktion Breslau geliefert, bei der sie die Nummer 2440 erhielt. 1919 kam sie als Reparationslok nach Elsaß-Lothringen, wo sie die Bezeichnung Alsace-Lorraine 2350 bekam. Nach Rückgabe des Saargebietes im Jahre 1935 ging der Besitz der Grenzstrecke Saarbrücken — Stieringen Wendel auf das Reich über. Die Eisenbahnen von Elsaß-Lothringen, die die Strecke vorher betrieben hatten, mußten auf Grund eines in Basel ausgehandelten Vertrages die zur Ausrüstung dieser Strecke benötigten Lokomotiven zurückgeben. Darunter zwei P 8-Loks, 2350 und 2351. Diese beiden Loks sind im Umzeichnungsplan für die Saarbahn-Loks enthalten und erhielten die Nummern 38 3874 und 3875. Die 3874 wurde nach 1945 in den Bezirk Hamburg verschlagen und 1962 ausgemustert. Das Bild Nr. 49 zeigt diese Lok in Flensburg. Sie hat inzwischen einen Tauschkessel vom Jahre 1919 erhalten, ebenfalls einen Wannentender von einer Kriegslok. Deutlich sind auch die Ersatzzylinder zu erkennen. Jagt man hier nicht einem Phantom nach? Was ist von der ursprünglichen Lok wohl noch vorhanden. Auf der Schieberschubstange war jedenfalls die alte französische Nummer 2350 noch lesbar! So mancher ist heute stolzer Besitzer eines P 8-Nummernschildes. Handelt es sich hierbei um ein Schild mit Ziffern aus Rotguß, so stammt es aus dem Jahre 1925 und hat besonderen Wert. Dazu gehört ein Schild Deutsche Reichsbahn mit Rotgußbuchstaben. Diese Schilder sollten 1937 durch Schilder mit „germanischen" Schriftzeichen und dem Hoheitsabzeichen ersetzt werden. Dazu ist es aber nur teilweise gekommen. Fast alle Schilder fielen im Kriege dem Rohstoffmangel zum Opfer, die Loks trugen nur mit Farbe angeschriebene Nummern. Nach dem Krieg hat die Bundesbahn wieder Schilder an den Maschinen angebracht. Diese waren zum Teil in Lehrlingswerkstätten angefertigt und wenig haltbar.

Die Heimatschilder bei der alten Reichsbahn zeigten nur den Ortsnamen, also Heilbronn, nicht Bw Heilbronn. Bei der Preußischen

Staatsbahn trugen die Lokomotiven Nummernschilder an beiden Seiten der Rauchkammer und an der Tenderrückwand, Tenderloks nur an den seitlichen Wasserkästen. Später wurde die Nummer ohne Direktionsbezeichnung mit Farbe auf die Rauchkammertür gemalt. Preußische Loks hatten übrigens ein kleines Schild, auf dem das Baujahr verzeichnet war, an der Rauchkammertür.

Glücklich ist auch der Besitzer eines Betriebsbuches. Nun muß man feststellen, daß es kein Betriebsbuch gibt, welches das Leben einer P 8 vom Bau bis zur Verschrottung belegt. Die Preußische Staatsbahn hatte nur einfache Betriebsbücher, welche außer einer Beschreibung mit Kesselzeichung nur Bescheinigungen über die Kesseluntersuchungen und die geleisteten Kilometer enthielten.

Im Jahre 1927 führte die Reichsbahn die dreiteiligen Betriebsbücher ein, je ein Hefter für Fahrgestell, Kessel und Tender. Aus dem alten Betriebsbuch wurde die Kesselzeichnung entnommen. Bei Kessel- und Tenderwechsel wurden die entsprechenden Hefter im Betriebsbuch gewechselt. Während des Krieges sind viele Original-Betriebsbücher verloren gegangen und Ersatzbücher mußten angelegt werden. Ein nach 1945 angelegtes Buch hat für den Sammler nur geringen Wert.

Ich muß aber davor warnen, alle den Sammler interessierenden Eintragungen kritiklos als richtig hinzunehmen. Im Kriege wurden Tender getauscht, ohne daß das Betriebsbuch vorhanden war, mit getauschten Zylinderverkleidungen kamen falsche Fabrikschilder an die Lok, Fabriken und Baujahre stimmen nicht immer. Man bedenke, daß im Kriege dienstverpflichtete Hilfskräfte Eintragungen in die Bücher machten. Dabei wurden gelegentlich auch die Bücher verwechselt und die Eintragung kam ins falsche Buch. Ich habe zum Beispiel erlebt, daß bei einer Naßdampflok Ausbesserungen am Überhitzer bescheinigt wurden.

Ich besitze das Betriebsbuch der 38 1791. Diese mecklenburgische P 8 wurde 1945 nach Polen abgefahren, weil sie mit einem Tender mit polnischer Nummer gekuppelt war. Laut Betriebsbuch sollte sie den Tender der 38 4011 gehabt haben. Anscheinend wurde der Tender in Gleiwitz getauscht, ohne das Betriebsbuch zu berichtigen. Auch ist aus dem Betriebsbuch nicht zu ersehen, daß die Lok einmal der Mecklenburgischen Friedrich-Franz-Eisenbahn gehört hat. Also Vorsicht bei den alten Betriebsbüchern. So wird zum Beispiel in letzter Zeit behauptet, die Triebtenderlok 38 3255 sei 1938 gar nicht ausgemustert, sondern zurückgebaut und bis 1960 in Betrieb gewesen. So stünde es im Betriebsbuch. Doch das stimmt nicht. Die Lok ist 1938 als ausgemustert gemeldet. Das Zentralamt hat im Umzeichnungsplan 2339 Fkldau vom 29. 8. 1941 die Nummer 38 3255 wieder mit der polnischen Lok Ok 1—239, gebaut von Linke-Hofmann 1923, Fabr.-Nr. 2600, belegt. Am 31. 12. 1944 ist diese Lok im Bestande der damaligen RBD Danzig nachgewiesen. Bei der Lokzählung des Reichsverkehrsministeriums vom Jahre 1944 ist keine Doppelzählung der 3255 vermerkt. Es ist ganz unwahrscheinlich, daß die alte Lok ohne Wissen des Zentralamtes zurückgebaut werden konnte. Des Rätsels Lösung liegt nahe. Im Februar 1945 kam die Danzigerin mit einem Flüchtlingszug in den Westen, natürlich ohne ihr Betriebsbuch. Bei einer Suchaktion nach Betriebsbüchern wurde das Buch der alten 38 3255 gefunden und für die Danziger Lok weiter verwendet. Daß es sich dabei um eine andere Lok handelte, hat niemand bemerkt, weil die Ausmusterung nicht vermerkt war.

Die P 8 als Denkmal und im Modell

Als bewährte und über fast ganz Europa verbreitete Dampflok hat die P 8 es wohl verdient, daß einige Exemplare der Nachwelt als Erinnerung erhalten bleiben. Leider ist es damit nicht besonders gut bestellt. Aus Dresden erreicht uns die Nachricht, daß dort die 38 1182 für das Verkehrsmuseum vorgesehen sei. Die Linke-Hofmann-Busch-Fahrzeugwerke in Salzgitter kauften die 38 1444, die zur Ausmusterung vorgesehen war. Die Lok war zuletzt im Bw Flensburg beheimatet und ist 1961 unter eigenem Dampf nach Braunschweig übergeführt worden. Leider hat man dann die Lok als Maschine der Preußischen Staatsbahn frisiert, die alte Nummer Hannover 2412 und den preußischen Adler angebracht, aber nicht bedacht, daß der Kessel der Lok aus dem Jahre 1922 stammt, das Führerhaus einen Lüftungsaufsatz hat und eine Tolkien-Speisepumpe vorhanden war. Das alles hat es zur Zeit der Preußischen Staatsbahn noch nicht gegeben. Auch hatten die Schnellzugloks damals kein Läutewerk und schon gar kein Druckluftläutewerk. Die Lok sieht nun gar nicht preußisch aus, sondern macht einen fremdländischen Eindruck. Schade!

Im Bw Lehrte stand seit 1968 die 38 2884 ausgemustert. Diese Maschine war der Stadt Löhne von der Bundesbahn als Leihgabe zugesagt worden. Am 9. September 1971 wurde sie vor dem dortigen Gymnasium als Denkmal aufgestellt. Mit Unterstützung des Bahn-Betriebswerks Löhne war sie wieder in einen ansehnlichen Zustand gebracht worden und hatte die für sie vorgesehene neue Nummer 038 884—3 erhalten, mit der sie wahrscheinlich nie Dienst gemacht hat. Über die neuen Nummern wird noch zu sprechen sein. So ist nun endlich auch eine P 8 in der Öffentlichkeit als Denkmal zu sehen.

Mit dem Aussterben der P 8 wuchs natürlich auch das Interesse der Modelleisenbahner für diese Lok. Bereits im Jahre 1954 brachte die

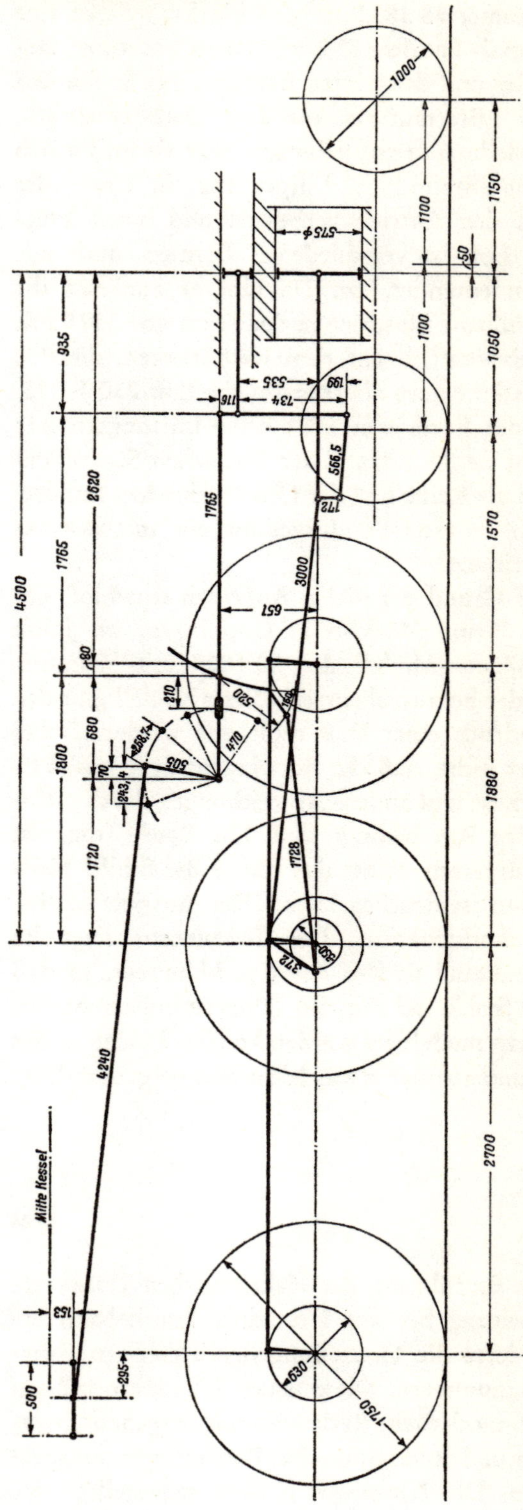

Schema der Steuerung einer P 8-Lokomotive

Firma Liliput in Wien ein Modell mit der Nummer 38 3832 auf den Markt, welches eine ehemals badische P 8 mit Gasbeleuchtung darstellte und der letzten Bauform mit Speisedom und Lüfteraufsatz auf dem Dach entsprach. Modellmäßig gut gelungen, war sie im Betrieb recht empfindlich. Liliput hat im Laufe der Zeit den Antrieb verbessert und bietet heute die Lok in verschiedenen Formen, auch mit Wannentender, an. Da gibt es zunächst die preußische Maschine in der Form von 1918 mit Speiseventilen auf dem Kesselrücken, dieselbe Maschine auch als französische Lok 230 F 715. In der Form von 1921 ohne Lüftungsaufsatz wird sie als Litra T der Dänischen Staatsbahn und als Reihe 638 der Österreichischen Bundesbahn vorgestellt. Insgesamt ein interessantes Sortiment.

Auf Grund der vielen Anfragen entschloß sich die Firma Märklin in Göppingen, im Jahre 1967 ein Modell der 38 1807 mit Wannentender herauszubringen. Dieses Modell gibt den Eindruck einer P 8 recht gut wieder. Dabei stört nicht, daß der Schwingenträger etwas zu kurz ist und andere Abweichungen durch rationellen Bau bedingt sind. Die Beschriftung ist naturgetreu, selbst das kleine Bw-Schild Heilbronn ist deutlich lesbar. Der Antrieb ist eine Neukonstruktion. Der Flachmotor liegt im Langkessel und in der Rauchkammer, so daß der Stehkessel mit den Führerstandsarmaturen genau modelliert werden konnte. Leider ist der Wannentender etwas leicht und neigt zum Entgleisen. Es ist verständlich, daß die Firmen versuchen, Loks, deren Vorbilder auch im Ausland liefen, nun auch als ausländische Loks zu verkaufen, besonders im Export. So existiert eine belgische P 8 von Märklin, die leider ein Anachronismus ist. Der Speisedom wurde erst 1921 eingeführt, folglich können solche Lokomotiven 1919 nicht abgegeben sein! Einen Schornsteinaufsatz hatten die belgischen Maschinen nicht, wie wir gesehen haben, ebenso gab es dort keine P 8 mit dreiachsigem Tender, wohl aber in Frankreich.

Während die eben beschriebenen Modelle für Spur HO (16 mm) hergestellt sind, hat die Firma Fleischmann für die Piccolo-Spur (9 mm) eine P 8 herausgebracht. Auch dieses Modell wirkt recht natürlich, unbegreiflich ist nur, warum die Glocke blank sein mußte. Die großen Loks hatten doch keine Messingglocken. Für den naturgetreuen Anblick ist die richtige Darstellung des Steuerungsantriebes wesentlich. Für Bastler, die ihre Lok in dieser Hinsicht verbessern wollen, bringen wir das Steuerungsschema der großen Lok mit allen einschlägigen Abmessungen (Abb. Seite 37).

Zu bemerken ist noch, daß das Verkehrsmuseum in Nürnberg ein Modell einer P 8 neuer Bauart mit der Nummer 38 1000 besitzt. Das Berliner Verkehrs- und Baumuseum besaß ein Modell der ersten P 8 Coeln 2401 im Maßstab 1 : 5, welches im Kriege ausgelagert wurde und anscheinend verloren gegangen ist.

Das Ende

Die Einführung der elektronischen Datenverarbeitung bei der Deutschen Bundesbahn erforderte die Umstellung der bisherigen Fahrzeugnummern. Diese neuen Nummern müssen der modernen Rechentechnik angepaßt werden und internationalen Forderungen entsprechen. Die Nummern müssen sechsstellig sein, gefolgt von einer siebenten Kontrollziffer. Auf Einzelheiten wollen wir nicht eingehen, sie sind aus Fachaufsätzen bekannt. Nur soviel: Die erste Ziffer war eine 0, sie bedeutet Dampflokomotive, die nächsten beiden Ziffern 38 weisen auf die alte Baureihe 38 hin, dann folgt eine dreistellige Ordnungsnummer.

Die ursprünglich vierstelligen Ordnungsnummern mußten nun in eine Liste mit drei Stellen gebracht werden, was ohne weiteres möglich war, da der Bestand unter 999 Stück lag. Ich habe nun aus der Umzeichnungsliste, zweite Auflage vom Juni 1967, diejenigen Lokomotiven zusammengestellt, die am 1. 1. 1968, dem Tage der Einführung der neuen Nummern, tatsächlich noch in Betrieb waren. Die sogenannten z-Loks, das sind die von der Ausbesserung zurückgestellten Lokomotiven, habe ich nicht berücksichtigt, weil sie mit Sicherheit nicht wieder in Betrieb gekommen und tatsächlich umgenummert sind. Zunächst wurde ein kleines Schild mit der neuen Nummer im Führerhaus angebracht, und diese Nummer wurde auch in den Betriebsunterlagen verwendet, allerdings ohne die Kontrollnummer, die nur bei Nachweisen, die zum Rechenzentrum gingen, eingesetzt wurden. Nach und nach schrieb man dann die neue Bezeichnung außen an. Wirklich getragen haben die neuen Nummern wohl kaum fünfzig P 8-Loks.

Die letzten P 8 waren im Bw Tübingen beheimatet. Anfang des Jahres 1971 fuhren sie dort noch Personenzüge nach Sigmaringen, Sindelfingen, Rottweil und sogar einen Eilzug nach Offenburg. Ende Mai 1972 beförderte Lok 038 711—8 letztmals fahrplanmäßig einen Eilzug von Freudenstadt nach Eutingen. Es blieben schließlich noch drei Loks, die Nummern 038 382—8, 038 711—8 und 038 772—0. Diese waren noch betriebsfähig und wurden für Sonderfahrten eingesetzt. Bevor diese auch ausgemustert werden, bereiten ihnen Tausende von Eisenbahnfreunden einen glanzvollen Abschied. Die Tübinger 038 382—8 erschien im Frühjahr 1972 mit einem Sonderzug in Schleswig-Holstein, im Harz, im Bergischen Land und kam sogar bis Rotterdam. Überall, wo der Zug hielt, umlagerten die Menschen die Lokomotive, filmten, fotografierten und versuchten mit Mikrofon und Tonbandgerät die Geräusche der Lok einzufangen. Ein nostalgisches Schauspiel, das nicht darüber hinwegtäuschen konnte, daß das Ende gekommen war. Eine Maschine bleibt noch 1974 für Sonderfahrten betriebsfähig. Es ist zu hoffen, daß diese der Nachwelt erhalten bleiben wird.

Nachwort

Wir sind am Ende unserer Betrachtungen und wollen nur noch die Frage aufwerfen, woran es gelegen hat, daß diese beim Lokpersonal so beliebte Maschine so weit in Europa verbreitet war. Dazu wäre folgendes festzustellen: Durch die enge Zusammenarbeit zwischen Bahnverwaltung und der Baufirma war in der Grundkonzeption das Optimum erreicht. Die Belange des Betriebes waren weitgehend berücksichtigt, so daß eine zuverlässige und für die damalige Zeit wirtschaftliche Lokomotive entstand.

Durch Beobachtungen im Betrieb und durch Versuchsfahrten gewonnene Erfahrungen wurden ausgewertet und die Maschine laufend verbessert. Die Einführung des Speisewasservorwärmers war ein entscheidender Fortschritt.

Es lag nicht in der Absicht ihrer Erbauer, sie zu einer Europa-Lok zu machen, der verlorene Erste Weltkrieg hat ihr eine weite Verbreitung im Ausland gebracht, die nur von der preußischen G 8^1-Lokomotive übertroffen wurde. Es ist bezeichnend, daß die ausländischen Bahnverwaltungen keine grundlegenden Änderungen an der P 8 vornahmen, zum Teil sogar die Lok unverändert nachbauten. Der Ausgang des ersten Krieges zwang zu Bescheidenheit. Hohe Geschwindigkeiten der Reisezüge waren wirtschaftlich nicht vertretbar und auch nicht gefragt. Durch die Abgabe der Schnellzugloks S 6, S 10 und P 8 an den Feindbund, sowie durch die Ausmusterung der 2 B 1-Naßdampf-Vierzylinder-Verbundlok S 7 entstand ein Bedarf an Lokomotiven, der ausschließlich durch den Neubau von P 8-Lokomotiven gedeckt wurde. Anfangs der zwanziger Jahre war unsere Lok *die* Schnellzuglokomotive. Wäre ein Bedürfnis für schnellfahrende Loks vorhanden gewesen, wäre die P 8 nicht in dieser hohen Zahl nachgebaut worden, es hätte dann mit etwa 1000 Stück sein Bewenden gehabt.

Nach Einführung der Einheitsloks wurde die P 8 in den Personenzugdienst zurückgedrängt, ihre Stückzahl war aber so groß, daß die Entwicklung einer Einheits-Personenzuglok verschoben und durch den Zweiten Weltkrieg abgebrochen wurde. Die P 8 blieb auch über den Zweiten Weltkrieg hinaus im Dienst, wurde abermals in alle Winde zerstreut. Der in der Heimat verbliebene Rest half die bitterste Zeit zu überwinden.

Während in einigen Ostblockländern die P 8 noch einige Lebenschancen hat, ist ihr Schicksal im Westen mit Einführung des Dieselbetriebes und Erweiterung der elektrischen Traktion besiegelt.

So bleibt uns nur noch die Erinnerung.

Quellennachweis

1. Robert Garbe, Die Dampflokomotiven der Gegenwart, Springer Berlin 1907
   Robert Garbe, Die Dampflokomotiven der Gegenwart, zweite Auflage 1920
2. Königl. Eisenbahn-Zentralamt, Baubeschreibung der P 8 1915
3. Königl. Eisenbahn-Zentralamt, Merkbuch für die Fahrzeuge, 2. Auflage 1912
   Königl. Eisenbahn-Zentralamt, Merkbuch für die Fahrzeuge, 3. Auflage 1915
4. Königl. Eisenbahndirektionen, Bildliche Verzeichnisse der Lokomotiven, hier: Verzeichnis der KED Coeln von 1906
5. Reichsbahn-Zentralamt, Baubeschreibung der P 8 1927
6. Reichsbahn-Zentralamt, Merkbuch für die Fahrzeuge a) Dampflokomotiven Ausgabe 1924, Ausgabe 1931, Ausgabe 1944
7. Reichsbahn-Zentralamt, Umzeichnungsplan für die ehemals preußisch-hessischen Personenzugloks 6357/115 vom 21. 10. 1925
8. Deutsche Bundesbahn, Merkbuch für die Fahrzeuge a) Dampflokomotiven Ausgabe 1953
9. Deutsche Bundesbahn, Plan für die Umzeichnung der Dampflok zum 1. Januar 1968
10. Deutsche Reichsbahn, amtliche Jubiläumsschrift 100 Jahre Deutsche Eisenbahnen 1935
11. Verein Mitteleuropäischer Eisenbahn-Verwaltungen, Die Entwicklung der Lokomotive, II. Band 1880—1920, Oldenbourg, München 1937.

Liste der von der Französischen Nord Region ans Reich abgegebenen Leih-P 8-Lokomotiven alte Nummern: Nord 3.1601—3.1675, neue Nummern SNCF [2] 230 C 1—230 C 75

Nummer	Abgabedatum	Empfangsdirektion	Einsatzbetriebswerk (wenn bekannt)
230 C 1	20. 11. 1940	Saarbrücken	Kaiserslautern
2	4. 12. 1940	Frankfurt	Friedberg
3	16. 11. 1940	Kassel	
4	25. 11. 1940	Saarbrücken	Homburg
5	20. 11. 1940	Saarbrücken	
6	19. 12. 1940	Karlsruhe	
7	9. 12. 1940	Frankfurt	Betzdorf
8	8. 1. 1941	Essen	
9	15. 11. 1940	Kassel	
10	24. 11. 1940	Saarbrücken	
11	14. 12. 1940	Karlsruhe	
12	19. 12. 1940	Karlsruhe	
13	17. 11. 1940	Saarbrücken	
14	14. 11. 1940	Kassel	
15	12. 11. 1940	Kassel	
16	19. 12. 1940	Karlsruhe	
17	27. 7. 1941	Köln	
18	19. 11. 1940	Saarbrücken	
19	9. 12. 1940	Karlsruhe	
20	9. 12. 1940	Frankfurt	Betzdorf
21	12. 11. 1940	Kassel	
22	9. 12. 1940	Frankfurt	Betzdorf
23	27. 11. 1940	Frankfurt	
24	24. 11. 1940	Saarbrücken	Kaiserslautern
25	17. 11. 1940	Kassel	Kreiensen
26	25. 11. 1940	Saarbrücken	
27	4. 12. 1940	Frankfurt	Limburg
28	17. 11. 1940	Frankfurt	Frankfurt M. 1
29	11. 12. 1940	Frankfurt	Gießen
30	6. 1. 1941	Essen	Hamm
31	24. 11. 1940	Saarbrücken	Trier
32	21. 11. 1940	Saarbrücken	
33	21. 11. 1940	Saarbrücken	Trier
34	9. 12. 1940	Karlsruhe	
35	21. 11. 1940	Saarbrücken	
36	13. 11. 1940	Kassel	
37	14. 11. 1940	Kassel	
38	2. 12. 1940	Frankfurt	Bebra
39	17. 11. 1940	Kassel	
40	20. 11. 1940	Saarbrücken	Trier

Nummer	Abgabedatum	Empfangsdirektion	Einsatzbetriebswerk (wenn bekannt)
41	11. 1. 1941	Karlsruhe	
42	11. 1. 1941	Essen	
43	14. 12. 1940	Karlsruhe	
44	9. 12. 1940	Frankfurt	
45	16. 12. 1940	Karlsruhe	Heidelberg
46	6. 1. 1941	Essen	
47	11. 1. 1941	Essen	
48	29. 11. 1940	Frankfurt	
49	11. 11. 1940	Kassel	
50	2. 12. 1940	Frankfurt	Frankfurt M. 1
51	7. 12. 1940	Frankfurt	Bebra
52	11. 11. 1940	Kassel	
53	12. 12. 1940	Frankfurt	
54	21. 11. 1940	Saarbrücken	Kaiserslautern
55	10. 12. 1940	Karlsruhe	Karlsruhe
56	12. 12. 1940	Frankfurt	
57	16. 12. 1940	Karlsruhe	Karlsruhe
58	2. 12. 1940	Frankfurt	Frankfurt M. 1
59	11. 11. 1940	Kassel	Nordhausen
60	11. 11. 1940	Kassel	
61	12. 11. 1940	Kassel	
62	11. 11. 1940	Kassel	
63	9. 12. 1940	Karlsruhe	
64	19. 12. 1940	Karlsruhe	Karlsruhe
65	29. 11. 1940	Frankfurt	
66	14. 11. 1940	Kassel	
67	27. 11. 1940	Frankfurt	Friedberg
68	4. 12. 1940	Frankfurt	Gießen
69	29. 11. 1940	Frankfurt	
70	27. 11. 1940	Saarbrücken	
71	11. 11. 1940	Kassel	
72	4. 12. 1940	Frankfurt	Limburg
73	4. 12. 1940	Frankfurt	
74	27. 11. 1940	Frankfurt	Frankfurt M. 1
75	7. 12. 1940	Frankfurt	

Liste der von den Belgischen Eisenbahnen an das Reich abgegebenen Leih-P 8, Type 64

Nummer	Abgabe-Bw	Abgabedatum	Empf.-Direktion	Einsatzbw (wenn bekannt)
6400	Mons	10. 1. 1941	Hannover	Hameln
1	Mariembourg	20. 12. 1940	Essen	Dortmund
2	Braine-le-Comte	29. 12. 1941	Hannover	
3	Hasselt	14. 12. 1940	Köln	
4	Kortrijk	22. 11. 1940	Hannover	Hildesheim
5	Schaerbeek	10. 1. 1941	Hannover	Hildesheim
6	Mons	13. 1. 1941	Hannover	Hameln
7	Brüssel Süd	5. 1. 1942	Karlsruhe	
8	Brüssel Süd	—	—	
9	Brüssel Süd	13. 12. 1940	Wuppertal	
6410	Bertrix	5. 1. 1941	Münster	Oldenburg H
1	Braine-le-Comte	29. 1. 1942	Hamburg	
2	Baulers	17. 1. 1942	Münster	
3	Berchem	1. 2. 1941	Hamburg	
4	Brüssel Süd	30. 1. 1942	Hamburg	
5	Brüssel Süd	30. 1. 1942	Hamburg	
6	Meirelbeke	27. 12. 1941	Hannover	
7	Hasselt	22. 11. 1940	Münster	Münster
8	Brüssel Süd	4. 12. 1940	Essen	Dortmund
9	Haine St. Pierre	10. 12. 1940	Hamburg	
6420	Ath	5. 2. 1941	Hamburg	
1	Ottignies	6. 12. 1940	Hamburg	Itzehoe
2	Meirelbeke	30. 11. 1940	Köln	
3	Ottignies	30. 1. 1941	Hamburg	
4	Kortrijk	8. 2. 1941	Hamburg	
5	Thienen	13. 2. 1942	Halle	
6	Kortrijk	11. 1. 1941	Hannover	
7	Baulers	12. 1. 1942	Münster	
8	Muysen	8. 11. 1940	Köln	
9	Ronet	21. 1. 1941	Wuppertal	
6430	Muysen	8. 11. 1940	Köln	
1	Mons	13. 1. 1941	Hannover	
2	Muysen	8. 11. 1940	Köln	
3	Montignies	3. 12. 1940	Münster	
4	Hasselt	8. 1. 1941	Hannover	
5	Lüttich	16. 12. 1940	Hannover	Nordstemmen
6	Ottignies	12. 1. 1941	Hannover	
7	Meirelbeke	11. 1. 1941	Hannover	
8	Meirelbeke	12. 1. 1941	Köln	Köln B.B.
9	Schaerbeek	11. 12. 1940	Hannover	Celle

Nummer	Abgabe-Bw	Abgabedatum	Empf.-Direktion	Einsatzbw (wenn bekannt)
6440	Schaerbeek	15. 1. 1941	Münster	
1	Landen	30. 11. 1940	Essen	
2	Antwerpen Dam	25. 11. 1940	Köln	Aachen West
3	Montignies	7. 11. 1940	Köln	
4	Braine-le-Comte	30. 1. 1942	Hamburg	
5	Mons	28. 11. 1940	Essen	Neuß
6	Meirelbeke	19. 1. 1942	Münster	
7	Mons	17. 1. 1941	Wuppertal	
8	Berchem	24. 11. 1940	Köln	Aachen West
9	Ottignies	28. 11. 1940	Essen	
6450	Brügge	21. 1. 1941	Wuppertal	
1	Tournai	11. 12. 1940	Hannover	Celle
2	Brüssel Süd	30. 1. 1942	Hamburg	
3	Schaerbeek	18. 12. 1940	Hamburg	
4	Ath	16. 11. 1940	Essen	
5	Kortrijk	18. 11. 1940	Hannover	Celle
6	Meirelbeke	16. 12. 1940	Hannover	
7	Braine-le-Comte	3. 1. 1942	Hannover	
8	Baulers	31. 12. 1941	Hannover	
9	Meirelbeke	17. 12. 1941	Hannover	
6460	Haine St. Pierre	13. 12. 1940	Wuppertal	Hagen 1942: Stolp/P. 1945: Wittenberge
1	Berchem	28. 12. 1941	Hannover	
2	Latour	20. 1. 1941	Karlsruhe	
3	Mons	19. 1. 1941	Köln	
4	Berchem	3. 12. 1941	Karlsruhe	
5	Braine-le-Comte	21. 1. 1942	Münster	1942: Neuß
6	Mariembourg	14. 1. 1941	Münster	Osnabrück
7	Schaerbeek	15. 1. 1941	Hamburg	Heide
8	Meirelbeke	18. 12. 1940	Hannover	Hildesheim
9	Lüttich	30. 11. 1940	Essen	Dortmund Hbf
6470	Braine-le-Comte	7. 1. 1942	Karlsruhe	Mannheim
1	Brüssel Süd	7. 1. 1942	Karlsruhe	
2	Meirelbeke	18. 11. 1942	Hannover	
3	Ronet	14. 12. 1940	Hannover	Hameln
4	Mons	18. 11. 1940	Hannover	
5	Mons	25. 1. 1941	Wuppertal	
6	Montignies	13. 1. 1941	Münster	
7	Bertrix	4. 2. 1941	Hamburg	Itzehoe
8	Montignies	7. 11. 1940	Köln	
9	Braine le Comte	4. 2. 1941	Hamburg	

Nummer	Abgabe-Bw	Abgabedatum	Empf.-Direktion	Einsatzbw (wenn bekannt)
6480	Mons	25. 1. 1941	Wuppertal	
1	Mons	30. 11. 1940	Köln	
2	Mons	6. 12. 1940	Hamburg	
3	Brüssel Süd	17. 2. 1941	Hamburg	
4	Montignies	13. 12. 1940	Wuppertal	
5	Ostende	15. 12. 1940	Hannover	Celle
6	Kortrijk	5. 2. 1941	Hamburg	
7	Brüssel Süd	12. 12. 1940	Köln	
8	Mons	27. 11. 1940	Essen	Mönchen-Gladbach
9	Brüssel Süd	10. 12. 1940	Hamburg	Cuxhaven
6490	Baulers	12. 12. 1941	Karlsruhe	
1	Brügge	11. 12. 1940	Hannover	
2	Meirelbeke	13. 12. 1940	Wuppertal	Hagen Gbf
3	Brügge	8. 12. 1940	Hamburg	Itzehoe
4	Ottignies	11. 1. 1941	Hannover	
5	Tournai	10. 1. 1941	Hannover	Hildesheim
6	Braine-le-Comte	3. 1. 1942	Hannover	
7	Montignies	10. 12. 1940	Hamburg	
8	Berchem	24. 11. 1940	Köln	Aachen Hbf
9	Mariembourg	20. 12. 1940	Essen	Dortmund
6500	Brüssel Süd	30. 12. 1941	Hannover	
1	Lüttich	28. 11. 1940	Münster	Osnabrück
2	Meirelbeke	12. 12. 1940	Köln	
3	Mons	25. 1. 1941	Wuppertal	Düsseldorf
4	Schaerbeek	8. 1. 1941	Hannover	
5	Latour	23. 1. 1941	Wuppertal	
6	Ath	22. 1. 1941	Münster	Osnabrück
7	Schaerbeek	5. 12. 1940	Münster	Oldenburg
8	Mons	18. 11. 1940	Hannover	
9	Ottignies	28. 11. 1940	Essen	Rheydt
6510	Berchem	24. 11. 1940	Köln	Herbesthal
1	Landen	12. 12. 1940	Köln	
2	Baulers	10. 12. 1941	Karlsruhe	
3	Montignies	3. 12. 1940	Münster	Oldenburg
4	Kortrijk	18. 11. 1940	Hannover	Hameln
5	Antwerpen Dam	27. 1. 1941	Wuppertal	
6	Brügge	14. 12. 1940	Hannover	
7	Schaerbeek	24. 1. 1941	Wuppertal	
8	Meirelbeke	15. 12. 1940	Hannover	Hildesheim
9	Berchem	8. 1. 1941	Hannover	

Nummer	Abgabe-Bw	Abgabedatum	Empf.-Direktion	Einsatzbw (wenn bekannt)
6520	Brüssel Süd	17. 1. 1941	Wuppertal	
1	Kinkempois	27. 11. 1940	Essen	Dortmund
2	Berchem	1. 12. 1941	Karlsruhe	
3	Meirelbeke	28. 1. 1942	Hamburg	
4	Meirelbeke	27. 12. 1941	Hannover	
5	Baulers	28. 1. 1942	Hamburg	
6	Lüttich	10. 12. 1940	Hamburg	
7	Meirelbeke	9. 12. 1940	Hamburg	Heide
8	Mons	17. 1. 1941	Wuppertal	
9	Meirelbeke	9. 12. 1940	Hamburg	Heide 8/1942: Neustettin
6530	Brüssel Süd	7. 1. 1942	Karlsruhe	
1	Schaerbeek	8. 12. 1940	Hamburg	Cuxhaven
2	Landen	5. 12. 1940	Essen	
3	Ronet	2. 2. 1941	Hamburg	Itzehoe
4	Brüssel Süd	26. 1. 1942	Hamburg	
5	Brügge	10. 12. 1941	Karlsruhe	
6	Landen	10. 1. 1941	Hannover	Hameln
7	Brügge	8. 1. 1942	Münster	
8	Ottignies	20. 12. 1940	Essen	Dortmund
9	Tournai	7. 11. 1940	Köln	
6540	Schaerbeek	21. 1. 1941	Wuppertal	
1	Landen	31. 1. 1941	Hamburg	
2	Luttre	2. 12. 1940	Münster	Gronau 8/1942 Stolp/Pom.
3	Brüssel Süd	22. 1. 1942	Münster	
4	Schaerbeek	29. 1. 1941	Essen	Dortmund
5	Brüssel Süd	27. 12. 1941	Hannover	
6	Mons	18. 11. 1940	Hannover	
7	Brügge	12. 2. 1941	Hamburg	
8	Berchem	30. 1. 1942	Hamburg	
9	Baulers	14. 1. 1942	Münster	
6550	Montignies	8. 12. 1940	Köln	
1	Landen	9. 1. 1941	Köln	
2	Brüssel Süd	3. 2. 1941	Hamburg	Husum
3	Meirelbeke	5. 12. 1940	Münster	Gronau
4	Berchem	12. 1. 1942	Münster	
5	Landen	22. 1. 1942	Münster	Gronau 8/1942 Stolp/Pom.
6	Schaerbeek	20. 12. 1940	Köln	Krefeld
7	Bertrix	3. 1. 1942	Karlsruhe	
8	Meirelbeke	10. 1. 1942	Münster	
9	Meirelbeke	30. 12. 1941	Hannover	

Nummer	Abgabe-Bw	Abgabedatum	Empf.-Direktion	Einsatzbw (wenn bekannt)
6560	Meirelbeke	27. 12. 1941	Hannover	
1	Luttre	30. 11. 1940	Essen	Dortmund
2	Schaerbeek	5. 12. 1940	Münster	Gronau
3	Meirelbeke	27. 1. 1942	Münster	Gronau
4	Berchem	9. 12. 1940	Hamburg	Itzehoe
5	Bertrix	7. 12. 1940	Hamburg	Itzehoe
6	Kortrijk	18. 12. 1940		
7	Bertrix	15. 12. 1940	Hannover	Celle

Umzeichnung der P 8-Lokomotiven der DB am 1. 1. 1968

Lfd. Nr.	Alte Nr.	Neue Nr.	Lfd. Nr.	Alte Nr.	Neue Nr.
1	38 3015	038 015—4	28	38 2193	038 193—9
2	2020	038 020—4	29	2208	038 208—5
3	2024	038 023—8	30	2229	038 229—1
4	4024	038 024—6	31	2234	038 234—1
5	2025	038 025—3	32	2242	038 242—4
6	4035	038 035—2	33	2253	038 253—1
7	2039	038 039—4	34	3256	038 256—4
8	4051	038 051—9	35	2259	038 259—8
9	2057	038 056—8	36	2262	038 262—2
10	3057	038 057—6	37	3273	038 273—9
11	3067	038 067—5	38	2279	038 279—6
12	3072	038 072—5	39	1282^{II}	038 282—0
13	3074	038 074—1	40	2309	038 309—1
14	3076	038 076—6	41	1313^{II}	038 312—5
15	3080	038 080—8	42	2313	038 313—3
16	3084	038 084—0	43	3323	038 323—2
17	3086	038 086—5	44	3335	038 335—6
18	3095	038 095—6	45	3347	038 374—1
19	3104	038 104—6	46	2357	038 357—0
20	2111	038 110—3	47	2361	038 361—2
21	3111	038 111—1	48	3362	038 362—0
22	2113	038 113—7	49	2366	038 366—1
23	2131	038 131—9	50	2367	038 367—9
24	3132	038 132—7	51	3369	038 369—5
25	3155	038 155—8	52	2383	038 382—8
26	3156	038 156—6	53	3383	038 383—6
27	2183	038 183—0	54	3389	038 389—3

Lfd. Nr.	Alte Nr.	Neue Nr.	Lfd. Nr.	Alte Nr.	Neue Nr.
55	38 2393	038 393—7	92	38 3639	038 639—1
56	2395	038 395—0	93	2641	038 641—7
57	3398	038 398—4	94	3650	038 650—8
58	2400	038 400—8	95	1665	038 665—6
59	3412	038 412—3	96	1673	038 673—0
60	3419	038 419—8	97	3711	038 711—8
61	3433	038 433—9	98	3713	038 713—4
62	3438	038 438—8	99	3715	038 715—9
63	3446	038 446—1	100	2729	038 729—0
64	3474	038 474—3	101	2751	038 751—4
65	3477	038 477—6	102	2759	038 759—7
66	3479	038 479—2	103	3762	038 762—1
67	3486	038 486—7	104	2770	038 769—6
68	2499	038 499—0	105	1772	038 772—0
69	3509	038 509—6	106	3773	038 773—8
70	2517	038 517—9	107	3798	038 798—5
71	2524	038 524—5	108	3805	038 805—8
72	2540	038 539—3	109	1807	038 807—4
73	3540	038 540—1	110	3812	038 812—4
74	3541	038 541—9	111	1813	038 813—2
75	2546	038 546—8	112	3822	038 822—3
76	2547	038 547—6	113	1824	038 824—9
77	3551	038 551—8	114	3845	038 845—4
78	3553	038 553—4	115	1848	038 848—8
79	3558	038 558—3	116	3853	038 853—8
80	3559	038 559—1	117	2884	038 884—3
81	3565	038 565—8	118	3885	038 885—0
82	3567	038 567—4	119	1889	038 889—2
83	2577	038 577—3	120	1918	038 918—9
84	3603	038 603—7	121	3958	038 958—5
85	2116	038 616—9	122	3959	038 959—3
86	2624	038 624—3	123	2967	038 967—6
87	2626	038 626—8	124	3970	038 970—0
88	2631	038 631—8	125	2976	038 976—7
89	3634	038 634—2	126	2983	038 983—3
90	2636	038 636—7	127	2985	038 985—8
91	3637	038 637—5			

Bild 1: Erste P 8 von Schwartzkopff 1906 (Werkbild)

Bild 2: Betriebsbild einer P 8 der ersten Lieferung, Lok Elberfeld 2405 in Kassel (Foto: Feißel)

Bild 3: Weiterentwicklung zur S 8. Lok Erfurt 802 von Schwartzkopff (Werkbild)

Bild 4: Lok Erfurt 2484 mit 31,5 m³-Tender. Der Automat zur Regulierung des Überhitzers ist unter dem Nummernschild erkennbar. (Foto: Hubert)

Bild 5: Lok Hannover 2571, Bauform 1919. Speiseventile auf dem Kesselrücken

Bild 6: Lok Elberfeld 2749, Bauform 1922 mit Speisedom

Bild 7: Lok Hannover 2431 mit Sonderzug in Bebra am 9. 8. 25 (Foto: Kreutzer)

Bild 8: Lok Magdeburg 2409 in Goslar, 1914 (Foto: Ad. Wolff)

Bild 9: Lok Magdeburg 2401 mit Windleitblechen am Schornstein. Aufnahme aus dem Jahre 1912 (Foto: Krebs)

Bild 10: P 8-Lok der Bauform von 1922 mit D 141 Köln-Dresden in Hannover einfahrend (Foto: Kreutzer)

Bild 11: Eine der ersten Loks mit verbesserter Steuerung, Saarbrücken 2435, von Borsig 1913 erbaut (Werkbild)

Bild 12: An Frankreich abgelieferte Waffenstillstandslok 2357 Alsace-Lorraine mit dreiachsigem Güterzuglok-tender (Foto: Maey)

Bild 13: An die Eisenbahn des Saargebietes abgegebene P 8-Lok 2430 (Foto: Maey)

Bild 14: An Belgien abgegebene Lok 6437, ex Königsberg 2437, mit Abdampfinjektor ausgerüstet (Foto: Verfasser)

Bild 15: Belgische P 8 Nr. 6516 mit französischem Mischvorwärmer (Foto: Verfasser)

Bild 16: Ein Veteran in Belgien. Lok 6547, ex Königsberg 2415, erbaut von Schwartzkopff 1908, Fabriknummer 4038 (Foto: Verfasser)

Bild 17: P 8-Lok 3.1629 der Französischen Nordbahn mit dreiachsigem französischen Tender. Führerstand links (Foto: Verfasser)

Bild 18: Bei dieser Nordbahnlok 3.1620 steht der Lokführer noch auf der rechten Seite. Die Kolbenspeisepumpe ist entfernt. (Foto: Boyd)

Bild 19: Französische Nordbahnlok 3.1652. Führerstand links (Foto: Verfasser)

Bild 20: Aufnahme von 1920 an der Bekohlungsanlage in Grunewald. Lok Magdeburg 2509, erbaut von Schichau (Foto: Pierson)

Bild 21: Lok 38 1058, Bw Dresden Altstadt, aufgenommen im Bw Tempelhof, 1930 (Foto: Verfasser)

Bild 22: 30 1090. Diese Lokomotive war bis 1960 noch beim Bw Flensburg im Betrieb. (Foto: Verfasser)

Bild 23: Lok 38 1318, Bw Husum. Alte Bauart mit Ersatzkessel von 1922, Ersatzzylindern, Wannentender – im Jahre 1962 (Foto: Verfasser)

Bild 24: Lok 38 1263, Bw Flensburg, im Jahre 1959 (Foto: Verfasser)

Bild 25: Lok 38 1373, Bw Crailsheim, noch mit Gasbeleuchtung (Foto: Verfasser)

Bild 26: Lok 38 2399, Bw Regensburg, im Jahre 1929. Die Lok ist noch nicht genormt. (Foto: Verfasser)

Bild 27: Lok 38 1791, eine mecklenburgische P 8 in Bad Kleinen, Aufnahme 1939 (Foto: Verfasser)

Bild 28: Auch die Lok 38 2119, hier im Bw Schwerin, ist eine Mecklenburgerin. (Foto: Verfasser)

Bild 29: Lok 38 4011, die 1939 aushilfsweise im Schnellzugdienst Wismar–Magdeburg eingesetzt wurde. (Foto: Verfasser)

Bild 30: Lok T 38 3255 mit Henschel-Triebtender (Werkbild)

Bild 31: Lok T 38 3255 im Anfangszustand des Versuches (Foto: Bellingrodt)

Bild 32: Lok 38 3311, Bw Stralsund (P 8 mit G 10-Kessel, Speisedom und zwei Sandkästen) (Foto: Bellingrodt)

Bild 33: Lok 38 1337, Bw Emden, aufgenommen 1956 (Foto: Verfasser)

Bild 34: Lok 38 3790, Bw Rostock, als Gelegenheitsvorspann vor Personenzug Güstrow–Rostock bei Schwaan (Foto: Bellingrodt)

Bild 35: P 8-Lok mit Güterzug bei Hanau (Foto: Feißel)

Bild 36: So überblickte der Lokführer die Strecke. (Foto: Störr)

Bild 37: Lok 38 2661, Bw Frankfurt/Oder Pbf, noch mit Gasbeleuchtung (Foto: Verfasser)

Bild 38: Zwei P 8-Lokomotiven auf einsamen Pfaden im weiten Osten

Bild 39: Nach dem Zweiten Weltkrieg in Frankreich verbliebene Lok 230 F 694, ex 38 3094 (Foto: Renaud)

Bild 40: Lok 230 F 327, ex Est 3327, im Bw Hausbergen, 1960 (Foto: E. A. S. Cotton)

Bild 41: In Polen nach dem Zweiten Weltkrieg verbliebene P 8 Ok 1–304. Der Vorwärmer ist abgebaut. (Foto: Dahlström)

Bild 42: Lok Ok 1–321, auch diese polnische Lok hat keinen Vorwärmer (Foto: Dahlström)

Bild 43: Lok 230 F 607 ist die alte 38 3607, die 1945 in Frankreich zurückblieb. (Foto: Renaud)

Bild 44: Auch in Dänemark blieben 1945 drei P 8-Lokomotiven zurück. Hier Litra T Nr. 299, ex 38 2625 (Foto: O. W. Laursen)

Bild 45: Lok 38 2841, P 8 der Reichsbahn mit Giesl-Ejektor in Sangerhausen 1967 (Foto: K. F. Seitz)

Bild 46: Lok CFL 3910, eine von der Französischen Nord-Region an Luxemburg vermietete P 8
(Foto: Schneeberger)

Bild 47: Eine von Henschel 1921 für Rumänien gebaute P 8-Lok, Nr. 230 024, im Personenzugsdienst
(Foto: J. B. Toy)

Bild 48: Lok 38 1791 mit Güterzug bei Kassow (Foto: Verfasser)

Bild 49: Lok 38 3874, Bw Neumünster. Dies ist die 1935 von Frankreich zurückgegebene Lok AL 2350. (Foto: Verfasser)

Bild 50: Lok 38 1182, die Museumslok aus Dresden (Foto: Heydenreich)

Bild 51: Sie sieht ganz fremd aus. Anachronismus bei der Museumslok 2412. Den Ersatzkessel mit Speisedom gab es bei der Preußischen Staatsbahn noch nicht! (Werkbild)

Bild 52: Lok 38 2436, Bw Frankfurt/Oder. P 8 noch ohne Windleitbleche. Die Glocke auf dem Umlauf wird durch einen Drahtzug betätigt. (Foto: Verfasser)

Bild 53: Lok 38 1029, Bw Wittenberge, Lokstation Neustadt/Dosse. Aufnahme von 1930 in Berlin Lehrter Bf. (Foto: Verfasser)

Bild 54: Lok 38 3887. Man erkennt nicht ohne weiteres, daß dies die ehemals polnische Lok Ok 1–216 ist, die 1922 von Polen bei Schwartzkopff bestellt wurde. (Foto: Verfasser)

Bild 55: Lok 38 1090, Bw Flensburg, mit Personenzug nach Kiel bei der Ausfahrt aus Flensburg (Foto: Verfasser)

Bild 56: Lok 38 1650 mit G 10-Kessel. Der erste Sandkasten ist entfernt. (Foto: W. Baier)

Bild 57: Lok 38 2208, für Wendezugbetrieb eingerichtete P 8 in Kiel (Foto: Verfasser)

Bild 58: Lok 38 2581, Bw Uelzen, vor Eilzug nach Flensburg in Gifhorn (Foto: Verfasser)

Bild 59: Lok 038 772–0, Bw Tübingen, eine der letzten P 8 der Bundesbahn (Foto: E. A. S. Cotton)

Bild 60: Piccolo-Modell der Lok 038 772–0 von Fleischmann (Werkbild)

Bild 61: Modell der Lok 38 3832 von Liliput in Wien (Werkbild)

Bild 62: Märklin-Modell der Lok 38 1807, Bw Heilbronn (Werkbild)